Max Direktor

Selbst energiesparende Heizungen einbauen

Compact Verlag

© 1995 Compact Verlag München
Nachdruck, auch auszugsweise,
nur mit ausdrücklicher Genehmigung
des Verlages gestattet.
Alle Anleitungen wurden
sorgfältig erprobt – eine Haftung kann dennoch
nicht übernommen werden.
Redaktion: Anne Kaspar, Barbara Fellenberg
Umschlaggestaltung: Inga Koch
Printed in Germany
ISBN 3-8174-2235-0
2222359

Ein Wort zuvor

Selbermachen – ein Hobby, das heute für Millionen zur sinnvollen Freizeitbeschäftigung geworden ist. Ob es sich nun um die gemietete Altbauwohnung oder um die eigenen vier Wände handelt, mit etwas Geschick und einer fachmännischen Anleitung lassen sich oft verblüffende und ansprechende Ergebnisse erzielen: bei kleineren Reparaturen, beim Renovieren und Verschönern und beim Um- und Ausbauen. Und Selbermachen bringt Spaß. Freude an der eigenen Arbeit, deren Ergebnis man Tag für Tag sehen und »bewundern« kann; es spart Geld, mit dem sich langgehegte Wünsche erfüllen lassen, und es macht unabhängig von Handwerkern, auf die man wochenlang und schließlich vergeblich gewartet hat. Fachgeschäfte, Heimwerker- und Baumärkte versorgen den Hobby-Handwerker mit allen Werkzeugon und Materalien, die er braucht. Doch richtiges Werkzeug und Begeisterung allein reichen nicht aus. Unerläßlich sind eine gründliche Vorbereilung und Fachkenntnisse, wie eine

Arbeit durchzuführen und was dabei zu beachten ist.

COMPACT PRAXIS **Selbst energiesparende Heizungen einbauen** zeigt, wie man's macht. Mit wertvollen Tips und Tricks, die sich in der Praxis tausendfach bewährt haben. Jeder Arbeitsgang wird ausführlich Schritt für Schritt gezeigt und in Bild und Text erläutert. Übersichtliche Symbole zeigen auf einen Blick, mit welchem Schwierigkeitsgrad, welchem Kraft- und Zeitaufwand Sie bei jedem Arbeitsgang rechnen müssen, welche Werkzeuge Sie brauchen und wieviel Geld Sie durch Ihre eigene Arbeit einsparen können.

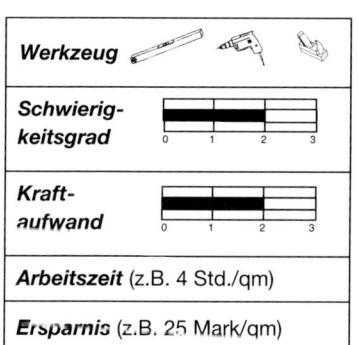

Werkzeug			
Schwierig-keitsgrad	0 1 2 3		
Kraft-aufwand	0 1 2 3		
Arbeitszeit (z.B. 4 Std./qm)			
Ersparnis (z.B. 25 Mark/qm)			

Und so stufen Sie sich auch richtig ein:

Schwierigkeitsgrad 1 – Arbeiten, die selbst der Ungeübte ausführen kann. Es ist nur geringes handwerkliches Geschick erforderlich.

Schwierigkeitsgrad 2 – Arbeiten, die einige Übung im Umgang mit Werkzeug und Material erfordern. Es ist handwerklich durchschnittliches Geschick notwendig.

Schwierigkeitsgrad 3 – Arbeiten, die fachmännische Übung erfordern, überdurchschnittliches Geschick ist erforderlich.

Kraftaufwand 1 – leichte, einfache Arbeiten, die jeder bequem erledigen kann.

Kraftaufwand 2 – Arbeiten, die eine gewisse körperliche Kraft voraussetzen.

Kraftaufwand 3 – Arbeiten für kräftige Handwerker, die keine »Knochenarboit« scheuen.

Inhaltsverzeichnis

Fachkunde

Wissenswertes zuvor	6
Was heißt »energiesparend«?	7
Der Heizkreislauf im Überblick	8
Die Warmwasserbereitung	10
Wärmeübertragung	13
Energieverluste im Heizungssystem	14
Wirkungsgrad	16
Energieverbrauch und Umweltschutz	17
Feuchtigkeit und Beheizung	18
Tips zum energiesparenden Heizen und Warmwasserverbrauch	19

Materialkunde

Die richtige Energiequelle	20
Feststoff-, Öl- und Gaskessel	21
Niedertemperaturkessel – Tieftemperaturkessel – Brennwertkessel	22
Sonnenkollektoren	24
Wärmepumpen	25
Speicher	28
Tankanlagen	29
Heizkörper und Heizflächen	30
Regeleinrichtungen	33
Rohre	36

Werkzeugkunde 42

Grundkurse

Rohre einspannen	44
Kupferrohre trennen, biegen, kalibrieren	45
Kupferrohre verschrauben und verlöten	48
Stahlrohre bearbeiten und verbinden	53
Kunststoffrohre bearbeiten und verbinden	55
Rohre aus verschiedenen Materialien verbinden	56
Schlitze und Deckendurchbrüche herstellen und verschließen	57
Wärmedämmung, Schalldämmung, Korrosionsschutz, Frostschutz	59

Planen, entscheiden, vorbereiten 62

Arbeitsanleitungen

Heizkessel aufstellen	66
Wasserspeicher aufstellen	70
Kupferrohre verlegen	74
Heizkörper montieren	78
Stockwerksverteiler montieren	80
Fußbodenheizung verlegen	82
Öltanks einbauen	86
Rohre wärmedämmen	88
Heizung in Betrieb nehmen	90
Wartung der Heizungsanlage	92

Sachwort-Register 95
Abbildungsverzeichnis 96

Wissenswertes zuvor

daß auch immer mehr Heizungsbauer kooperative Zusammenarbeit anbieten und Eigenleistungen in diesem Bereich akzeptieren, was vor allem hinsichtlich von unerwarteten Schwierigkeiten und der späteren Wartung von Vorteil sein kann.

Eine exakte Angabe, wieviel Geld man bei welchem System einsparen kann, ist aufgrund der sehr unterschiedlichen Voraussetzungen nur schwer möglich. Grundsätzlich und grob geschätzt können Sie durch Eigenleistung bei einem mittleren Einfamilienhaus zwischen 5 000 und 10 000 DM einsparen.

1 Durch ausgeklügelte Zusammenstellung verschiedener Heizungselemente in Form von Selbstbausätzen, durch teilweise fabrikmäßige Vormontage wichtiger Teile und durch entsprechende Montageanleitungen ist es heute einem einigermaßen begabten Heimwerker mit nur wenigen Werkzeugen möglich, seine Heizung ganz oder doch zum größten Teil selbst einzubauen. Der angebotene Service reicht von der Montagehilfe über die Inbetriebnahme und Abnahme bis zu Garantie und Wartung.

Das vorliegende Buch soll die Montageanleitungen der einzelnen Systeme nicht ersetzen. Es will vielmehr einen Überblick geben über das, was den Heimwerker erwartet und was er bedenken muß, wenn er sich daran macht, eine Heizung selbst einzubauen. Der Leser soll erkennen, ob oder wie weit er sich die Montage zutraut, und dadurch abschätzen können, wieviel Geld er einsparen kann.
Auch Heizungsanlagen herkömmlicher Anbieter sind inzwischen einfacher aufgebaut, so

Die ausführliche Darstellung einzelner Arbeitstechniken vermittelt wichtige Grundfertigkeiten; die Darstellung von grundlegenden Zusammenhängen in der Heizungstechnik ermöglicht einen energiebewußten Umgang mit der Anlage und vermittelt Grundwissen, auf das der einzelne im Gespräch mit dem Hersteller zurückgreifen kann. Die durch Eigenleistung erworbenen Kenntnisse ermöglichen nicht zuletzt auch eine fachgerechte Wartung der Anlage.

Was heißt »energiesparend«?

Energiesparen beim Heizen setzt sich aus mehreren Faktoren zusammen und geht über die reine Ersparnis des Brennstoffs weit hinaus.

Brennstoffverbrauch senken

Die deutlichste und am besten sichtbare Einsparung ist die Ersparnis an Brennstoffen, da sie in Mark und Pfennig ausgedrückt werden kann. Das Holz geht zur Neige, die Tankanzeige bei Ölanlagen oder der Gaszähler geben Auskunft über den Energieverbrauch und die Kosten.

Moderne Geräte- und Regeltechnik hat heute dazu geführt, daß neue Anlagen bei gleichem Wärmebedarf wesentlich weniger Brennstoff verbrauchen als die älteren Systeme.

Umweltenergie nutzen

Ersparnis an Brennstoffen ist auch möglich durch Nutzung von Umweltenergie, d.h. von Sonnenstrahlung durch Sonnenkollektoren oder Umgebungswärme durch Wärmepumpen. Damit läßt sich bei höherem Geräteaufwand der Brennstoffbedarf zusätzlich doutlich reduzieren, was wiederum finanziell meßbar ist.

Hilfsenergie sparen

Moderne Heizungen benötigen zum Betrieb sogenannte Hilfsenergie in Form von Strom. Zum einen wird damit automatisch die Flamme gezündet, zum anderen die Wärme über Pumpen verteilt. Dieser Energieverbrauch kann erheblich sein, doch wird er meist unterschätzt, da er in der Regel in der Stromrechnung nicht gesondert aufgeführt ist. Durch geeignete Regelsysteme können hier beachtliche Einsparungen erzielt werden.

Energieverluste einplanen

Bevor man Energie nutzen kann, müssen die Energierohstoffe verbrauchsfertig gemacht, z.B. transportiert, aufbereitet oder umgewandelt werden. Dabei wird Energie verbraucht. Dieser Aufwand ist besonders hoch bei Elektrizität. Bei der Stromherstellung in Großkraftwerken können so bis zu zwei Drittel der eingesetzten Energie in Form von Abwärme und beim Transport verlorengehen. Nur etwa ein Drittel der in Rohstoffen vorhandenen Energie kommt beim Verbraucher an. Energiesparen und heizen heißt daher auch, möglichst sparsam mit Elektrizität umzugehen lernen.

Energie bewußt nutzen

Die Anschaffung einer modernen Heizungsanlage mit energiesparender Regeltechnik allein garantiert noch keine optimale Energieeinsparung. Erst die richtige Anwendung der Technik, eine sinnvolle Einstellung der Regelgeräte im Zusammenhang mit vorausschauender Planung ermöglicht eine maximale Energieeinsparung. Regelmäßige Wartung der Anlage garantiert saubere Verbrennung und gute Wärmeübertragung.

Ökotip

Energieeinsparung ist kein Selbstzweck und geht wesentlich über die finanzielle Einsparung hinaus. Jeder, der sich für ein Optimum an Energieeinsparnis entscheidet, leistet zugleich einen wesentlichen Beitrag zur Schonung der wertvollen Energierohstoffe.
Viele dieser Stoffe wie Erdöl sind ja zugleich Grundstoff tausender moderner Produkte und zum Verbrennen letztlich zu schade. Der einzelne leistet darüber hinaus einen wichtigen Beitrag zum Schutz unserer Umwelt durch Reduzierung der Luftschadstoffe.

Der Heizkreislauf im Überblick

Wärme wird in Haushalten in Form von Heizwärme und Warmwasser genutzt. Als Wärmeerzeuger haben sich heute zentrale Systeme weitgehend durchgesetzt. Die Wärme wird dabei nicht mehr wie früher in mehreren einzelnen Öfen, sondern an einem zentralen Ort für eine ganze Wohnung, ein ganzes Haus oder für mehrere Häuser erzeugt.

Die Wärmeerzeugung erfolgt in den meisten Fällen durch Verbrennung, am häufigsten durch die Verbrennung von Öl oder Erdgas. Die bei der Verbrennung entstehende Wärme wird an das Heizwasser übertragen, das in einem geschlossenen Kreislauf über die Rohrleitungen zu den Heizkörpern geführt wird. Dort wird die Wärme bei geöffneten Ventilen an die Raumluft abgegeben. Das abgekühlte Wasser strömt in den Heizkessel zurück, wo es wieder aufgeheizt wird. Diese Umwälzung des Heizwassers ist heute mit der sogenannten Umwälzpumpe zu erreichen. Früher wurde auch das Schwerkraftprinzip eingesetzt, das eine Aufstellung des Wärmeerzeugers unterhalb der Heizkörper voraussetzte.

Die Umwälzung nach diesem Prinzip ist jedoch relativ träge bzw. erfordert wesentlich dickere Heizungsrohre. Durch den Einsatz der Umwälzpumpe ist auch eine Aufstellung des Wärmeerzeugers auf der gleichen Etage, ja sogar über den Heizkörpern möglich, z.B. unter bestimmten baulichen Voraussetzungen auch im Speicher.

Zentralheizungen sind heute sehr energiesparende Systeme. Sie erzielen sehr gute Wirkungsgrade, d.h. sie nutzen die eingesetzte Energie in der Regel besser aus als Einzelöfen wie Herde, Kamin- oder Kachelöfen. Ältere Zentralheizungssysteme mit vergleichsweise hohen Wärmeverlusten haben dazu geführt, daß man bei vielen Neubauten und Sanierungen zusätzlich zur zentralen Wärmeversorgung einzelne Öfen eingeplant hat, die in der Übergangzeit und an kalten Sommertagen Wärme erzeugten und dabei einen besseren Wirkungsgrad erzielten als die zentralen Anlagen. Das ist heute in der Regel nicht mehr der Fall.

Trotzdem kann eine Kombination von Zentralheizung und Einzel-

öfen wie Kamin- oder Kachelöfen sinnvoll sein, zumindest wenn man nur den Brennstoff Holz einsetzt. Denn Holz verbrennt kohlendioxidneutral und trägt daher nicht zum Treibhauseffekt bei, eine Eigenschaft, die diesen Brennstoff heute wieder in den Vordergrund rückt.

1 Das **Einrohrsystem** ist einfacher herzustellen und daher auch preisgünstiger. Es wird dort eingesetzt, wo nur wenige Heizkörper versorgt werden müssen, z.B. bei Gasetagenheizungen. Verschiedene Spezialventile ermöglichen die Temperaturregulierung der einzelnen Heizkörper. Sind alle Heizkörperventile geöffnet, nimmt die Wassertemperatur von Heizkörper zu Heizkörper ab und damit auch die Heizleistung. Die nachfolgenden Heizkörper müssen dann eventuell größer ausgelegt werden.

2 Das **Zweirohrsystem** liefert für jeden Heizkörper Wasser mit der gleichen Wärme und wird überall dort eingesetzt, wo eine bestimmte Zahl von Heizkörpern versorgt werden soll, wie z.B. bei der Beheizung einer großen Wohnung oder eines Gebäudes.

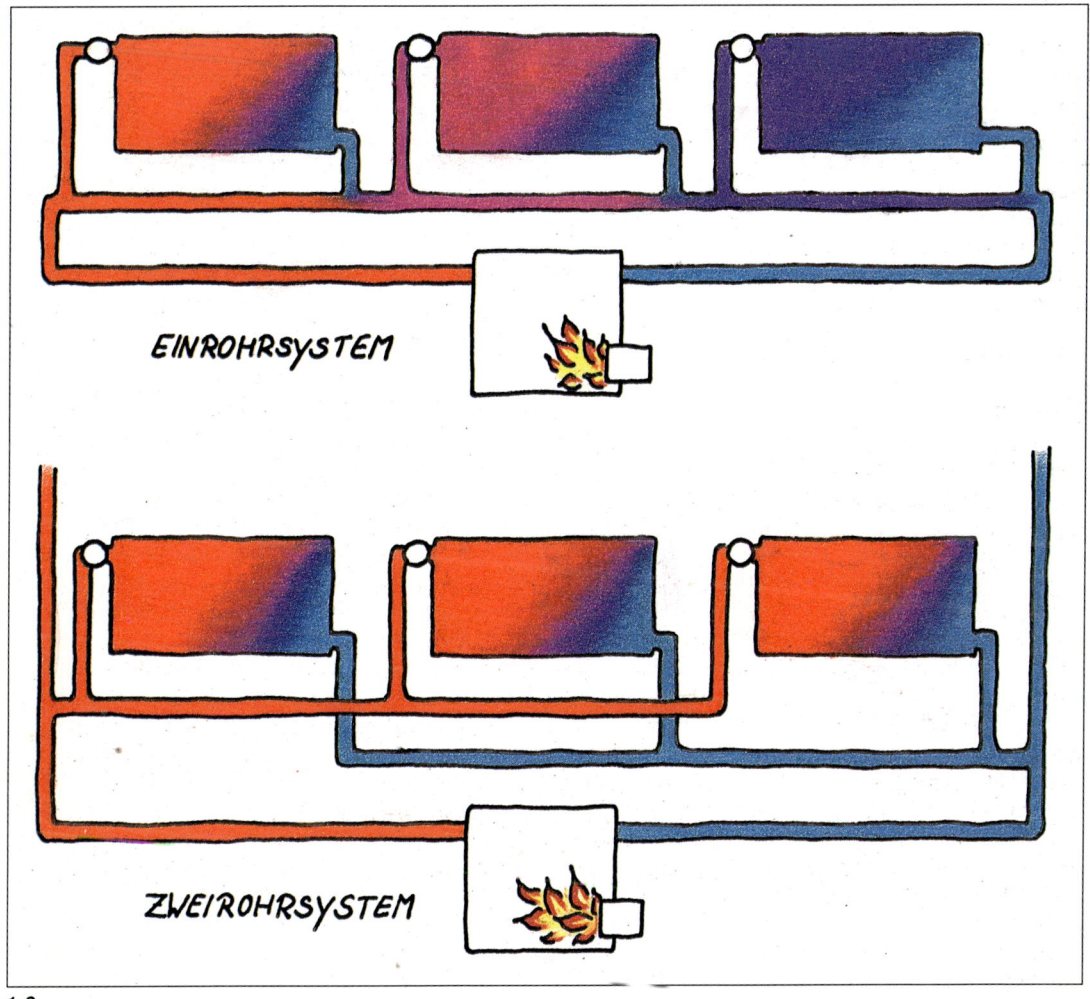

EINROHRSYSTEM

ZWEIROHRSYSTEM

1–2

Die Warmwasserbereitung

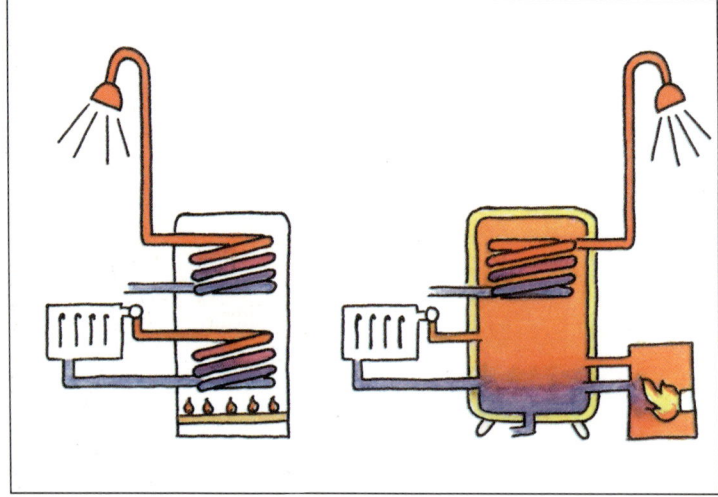

1–2

In den meisten Fällen wird die Heizwärmeerzeugung mit der Warmwasserbereitung kombiniert. Energiesparende Regeltechnik, neue technische Konstruktionen und verschiedene Kombinationsmöglichkeiten erlauben heute eine gute Ausnutzung der eingesetzten Energie.

Die einfachste Art der **Warmwasserbereitung** erfolgt allein **über den Heizkessel**. Dabei ist der Warmwasserspeicher in die Kesseleinheit integriert. Dieses System ist kostengünstig und letztlich sehr platzsparend, aber wenig flexibel.

Häufig wird heute der **Warmwasserspeicher vom Heizkessel getrennt**. Normalerweise wird das Warmwasser über den Brenner erzeugt und mit einem Wärmetauscher an den Speicher übertragen. Dieses System läßt sich gut kombinieren mit der Warmwassererzeugung durch Sonnenkollektoren.

1 Ein **Umlaufwasserheizer** mit Gasbetrieb benötigt nur sehr wenig Platz und arbeitet sehr leise. Er wird vor allem für Etagenheizungen eingesetzt. Er produziert Heizwärme und Warmwasser praktisch im Durchlaufprinzip und immer nur dann, wenn gerade Bedarf besteht. Er arbeitet daher sehr energiesparend.

2 Die Warmwasserbereitung erfolgt im **Durchfluß durch den Heizwasserspeicher**. Der Brenner wird geschont, weil er nur in größeren Intervallen anspringt und wirtschaftlich aufheizt.

3 Die Warmwassererzeugung mit **Sonnenkollektoren** ist deshalb besonders sinnvoll, weil die Sonneneinstrahlung gerade dann am höchsten ist, wenn wenig oder gar keine Heizwärme verbraucht wird. Vor allem, wenn man sich zum Selbsteinbau einer Heizungsanlage entschließt und sich dabei verschiedene Arbeitstechniken aneignet, ist der Einbau eines Sonnenkollektors sinnvoll. Der Warmwasserspeicher wird beim Einsatz von Sonnenenergie größer gewählt, damit ausreichende Mengen an Sonnenwärme gespeichert werden können. Wer an den späteren Einbau von Sonnenkollektoren denkt, sollte einen getrennten und größeren Warmwasserspeicher mit bereits integriertem Anschluß für Sonnenkollektoren und Leerrohre vom Standort des Warmwasserspeichers bis zum zukünftigen Ort des Kollektors vorsehen.

Auf ähnliche Weise läßt sich die Warmwasserbereitung mit einer **Brauchwasserwärmepumpe** kombinieren. Grundsätzlich ist es möglich, den wärmesammelnden Verdampfer direkt auf den Warmwasserspeicher zu montieren; möglich und sinnvoll ist es auch, ihn dort aufzustellen oder aufzuhängen, wo regelmäßige Kühlung erwünscht ist.

4 Dreht man den Warmwasserhahn auf und fließt ziemlich bald warmes Wasser, so ist eine **Zirkulationsleitung** installiert. Dabei handelt es sich um einen Wasserkreislauf, der durch eine Pumpe aufrechterhalten wird. Damit soll erreicht werden, daß man nicht zu lange auf warmes Wasser warten muß. Zirkulationsleitungen erfordern einen nicht unerheblichen Energiebedarf. Zum einen wird Pumpenstrom verbraucht, und das oft 24 Stunden am Tag und auch dann,

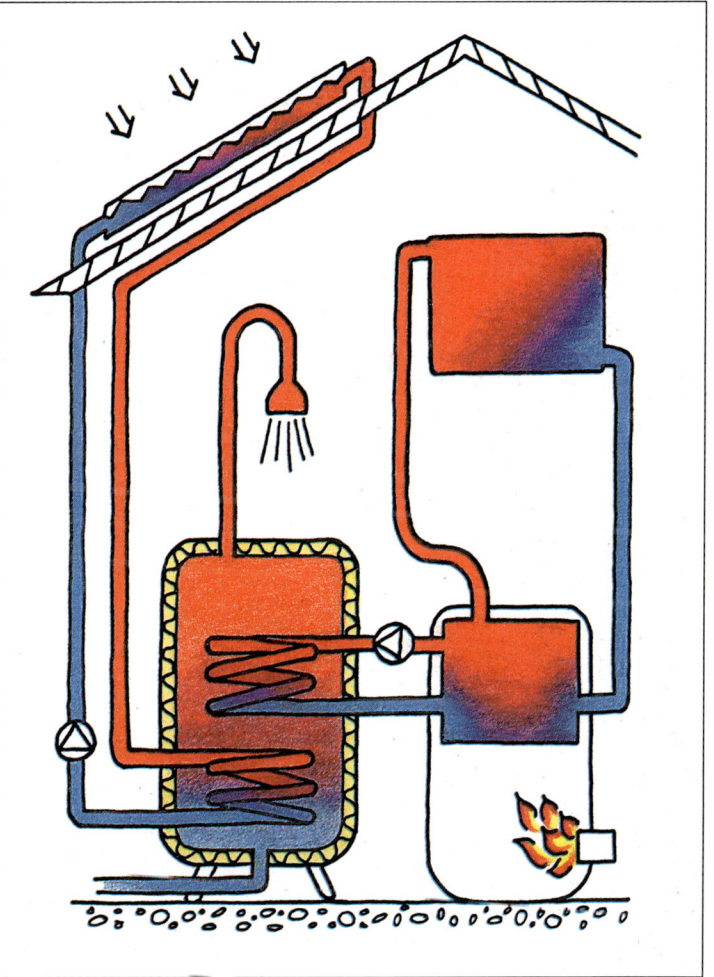

3

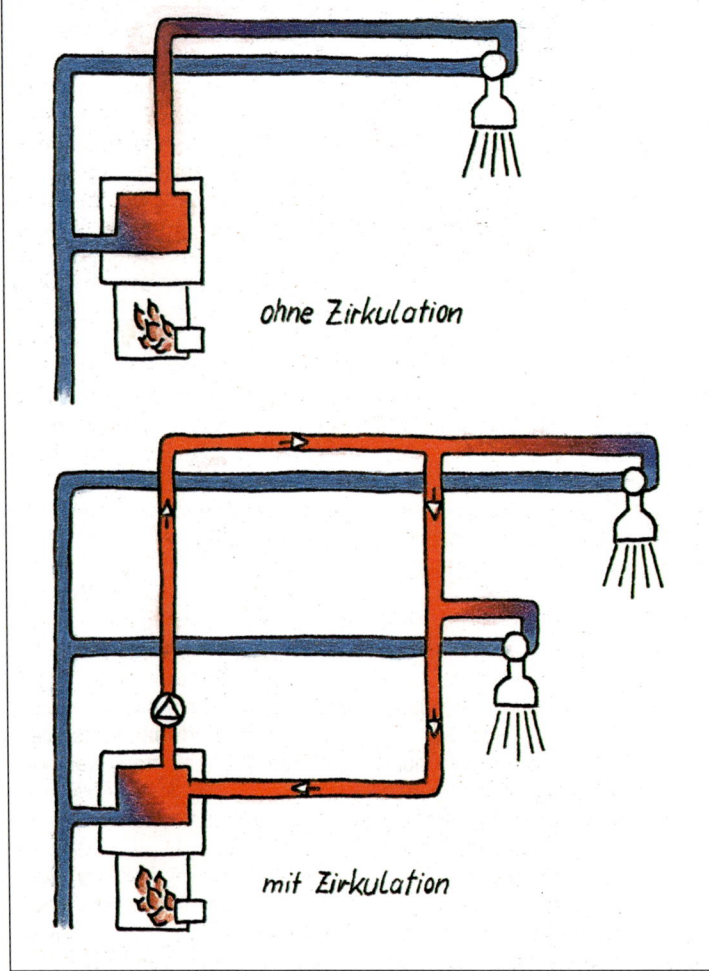

ohne Zirkulation

mit Zirkulation

wenn niemand in der Wohnung Warmwasser benötigt; zum anderen geht auch bei guter Wärmedämmung laufend Wärme verloren. Die Wassermenge, die abgezapft werden muß, bevor bei einfachen Leitungen Warmwasser aus dem Hahn kommt, hängt vom Rohrquerschnitt und von der Länge der Rohrleitung zwischen Wasserspeicher und Entnahmestelle ab.

Diese Wassermenge kann bei bekanntem Innendurchmesser aus der Tabelle auf Seite 38 entnommen werden. In vielen Fällen läßt sich das Rohrnetz durch sorgfältige Planung so kurz halten, daß eine Zirkulationsleitung überflüssig erscheint, zumal ja z.B. beim Einlaufenlassen des Badewassers das kalte Vorlaufwasser mitverwendet werden kann.

Moderne Regeltechnik ermöglicht auch eine energiesparende Handhabung von Zirkulationsleitungen über eine **Zeitschaltuhr**, die so programmiert werden kann, daß die Warmwasserzirkulation zu bestimmten Tageszeiten ein- und wieder abgeschaltet wird. Das reduziert die Wärmeverluste und spart Pumpenstrom.

4

Wärmeübertragung

Die Nutzung der Energie in Form von Wärme oder Warmwasser und dabei entstehende Energieverluste basieren auf den selben physikalischen Prinzipien. Überall dort, wo zwei Körper verschiedene Temperaturen besitzen, findet solange ein Wärmeübergang statt, bis beide Körper die gleiche Temperatur erreicht haben.

Die Wärmeübertragung kann auf verschiedene Art erfolgen. Das Verständnis dieser Zusammenhänge ist zum einen wichtig für geeignete Wärmedämmaßnahmen, zum anderen beeinflußt es die Wahl und den richtigen Betrieb der Heizungsanlage.

Wärmeströmung (Konvektion) ist der Wärmeübergang mit Hilfe eines Stoffes, z.B. Wasser oder Luft. So erfolgt die Wärmeabgabe eines Heizkörpers zum Teil durch Erwärmung der Luft. Die erwärmte Luft steigt nach oben, erwärmt Gegenstände und Wandflächen, kühlt dabei wieder ab, sinkt zu Boden und strömt zum Heizkörper zurück: Die Wärmeübertragung erfolgt durch »Strömung«. Diese Luftumwälzung ist um so stärker, je höher die Wassertemperatur ist. Bei höherer Wassertemperatur kann die erforderliche Heizleistung auch von kleinen Heizflächen gut erbracht werden.

Wärmestrahlung besteht aus elektromagnetischen Wellen, die zum Teil sichtbar (Sonnenstrahlen), zum Teil aber unsichtbar sind (Abstrahlung eines Kachelofens). Diese Wellen durchdringen die Luft, ohne diese spürbar zu erwärmen, treffen dann auf Materie und werden erst dadurch in Wärme umgewandelt. Strahlungswärme wird vom Menschen als sehr angenehm empfunden, so angenehm, daß er sich auch bei niedrigen Lufttemperaturen wohlfühlen kann, z.B. bei einem Sonnenbad im Skiurlaub bei Temperaturen unter dem Gefrierpunkt.

Überträgt man diese Erfahrung auf die Beheizung von Räumen, so heißt das: Je größer der Strahlungsanteil einer Heizung ist, desto niedriger können die Raumtemperaturen gehalten werden. Niedrigere Raumtemperaturen aber bedeuten reduzierten Energieverbrauch. Als Faustregel kann gelten: Ein Grad weniger Raumlufttemperatur bedeutet etwa 6 Prozent Energieeinsparung. Niedrigere Raumlufttemperaturen gelten außerdem als gesünder, da die Luft nicht als so trocken empfunden wird und der Körper widerstandsfähiger bleibt. Grundsätzlich sollte daher angestrebt werden, den Strahlungsanteil einer Heizung möglichst hoch zu halten. Ein hoher Strahlungsanteil einer Heizung wird erreicht durch relativ niedrige Oberflächentemperaturen der Heizflächen, z.B. bei einer Fußbodenheizung. Niedrigere Oberflächentemperaturen werden erreicht durch niedrige Wassertemperaturen. Das reduziert die Energieverluste durch das Rohrleitungssystem, bei Niedertemperaturkesseln auch die Kesselverluste.

Wärmeleitung ist eine Wärmeübertragung innerhalb fester Stoffe oder zwischen zwei festen Stoffen. Hält man einen Holz- und einen Eisenstab in eine Flamme, so wird man feststellen, daß die Wärmeleitfähigkeit einzelner Stoffe unterschiedlich ist. Wenn man ständig mit Materialien in Kontakt ist, die eine hohe Wärmeleitfähigkeit besitzen, wird dem Körper Wärme entzogen. So bekommt man auf Betonfußböden schnell kalte Füße.

Energieverluste im Heizungssystem

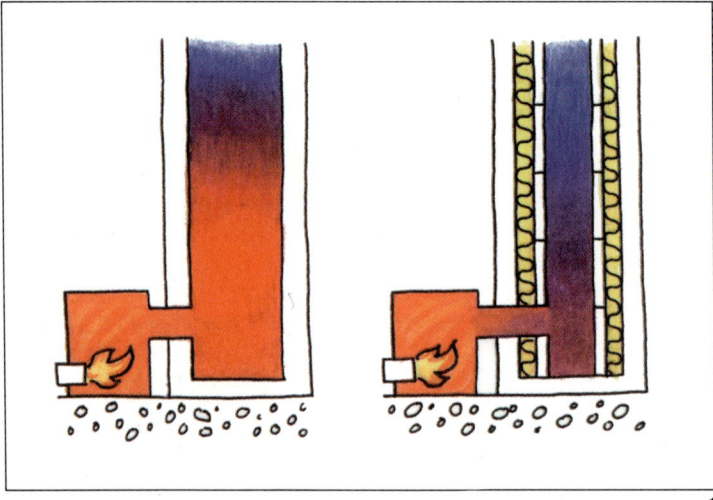

1 Die bei der Verbrennung entstehenden heißen Abgase wie Kohlendioxid, Wasserdampf sowie Stickoxide und Schwefeldioxid verlassen den **Schornstein**. Damit das möglich ist, müssen diese Abgase eine bestimmte Temperatur haben, damit ein ausreichender »Zug« des Schornsteins gewährleistet ist. Diese Temperatur wird durch die Einstellung des Brenners bzw. die Größe der Brennerdüse gewährleistet. Diese Abgastemperatur ist im Grunde abhängig vom Schornsteinquerschnitt, d.h. vom Durchmesser des Schornsteins. Ältere Schornsteine haben meist einen recht großzügig ausgelegten Querschnitt: Hier müssen die Abgastemperaturen hoch sein, weil die großen Schornsteinflächen abkühlend wirken und eine Kondensation des Wasserdampfs verhindert werden muß.

Moderne Schornsteine sind aus säurefestem Material (meist Schamotte). Sie sind häufig innen gerundet, haben einen wesentlich kleineren Querschnitt und sind wärmegedämmt. Diese Wärmedämmung soll bewirken, daß die Abgase nicht zu sehr auskühlen. Damit ist der Betrieb

Die von einem Heizungssystem gewonnene Wärmeenergie kann nicht hundertprozentig genutzt werden; es treten unvermeidliche Verluste auf. Ziel der Weiterentwicklung der Heizungstechnik ist es, die Wärmegewinnung (Verbrennung, Sonnenenergienutzung usw.) zu optimieren und die im System auftretenden Verluste zu minimieren. Das hat dazu geführt, daß moderne Heizungsanlagen mit wesentlich höheren Wirkungsgraden arbeiten als ältere Systeme. Ein Beispiel: Während ein Heizungssystem aus den siebziger Jahren meist nur 60 bis 70 Prozent der eingesetzten Energie ausnutzt, schaffen moderne Systeme in der Regel 90 bis 95 Prozent. Immerhin sind bei einer Erneuerung einer so alten Heizungsanlage Einsparungen in Höhe von 25 bis 35 Prozent durchaus realistisch.

Ökotip
Heizwärme geht an verschiedenen Stellen verloren. Nur eine Kombination verschiedener Maßnahmen kann die Energie optimal ausnutzen.

der Heizung mit relativ niedriger Abgastemperatur möglich. Ältere Schornsteine können energiesparend nachgerüstet werden, indem entweder Schamotte-, Glas- oder Edelstahlrohre eingezogen werden.

2 Während des Brennerbetriebs und bei Stillstand des Brenners gibt der Heizkessel Wärme an den Heizraum ab. Diese Wärmeverluste sind abhängig von der Wärmedämmung des Kessels, dem Wasserinhalt und der Wassertemperatur. Da ältere Kessel eher zu groß ausgelegt waren und daher mehr Wärme produzierten als momentan gebraucht wurde, praktisch auf Vorrat produzierten, waren die Wärmeverluste entsprechend hoch. Moderne Kessel arbeiten mit einem sehr geringen Wasserinhalt. Durch eine möglichst niedrige Kesseltemperatur werden die Wärmeverluste weiter reduziert.

Verläßt das erwärmte Heizwasser oder Brauchwasser den Kessel oder Speicher, wird es durch Leitungen zu den Heizflächen bzw. den Entnahmestellen transportiert. Auch dabei geht Wärme verloren. Dieser Wärmeverlust ist im wesentlichen abhängig von der

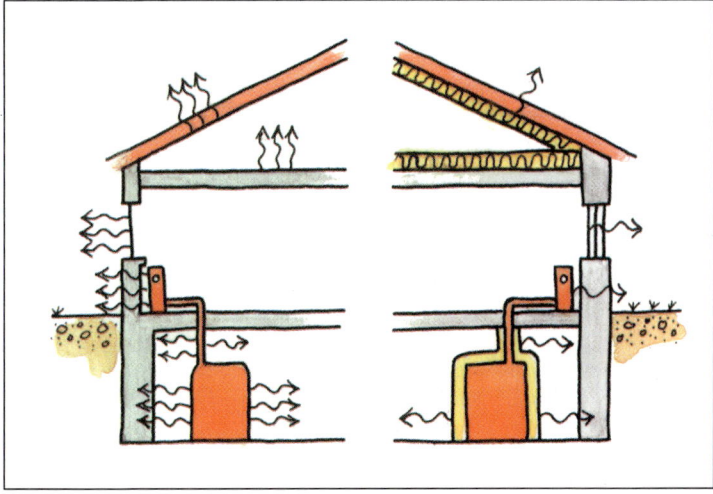

2

Länge der Leitungsrohre, von der Qualität der Wärmedämmung und von der Wassertemperatur. Beim Neubau oder beim Neueinbau einer Heizung sollte man also bei der Planung bereits auf eine möglichst kurze Leitungsführung achten. Außerdem sollte man auf qualitativ hochwertige und gut wärmedämmende Rohrschalen zurückgreifen, die möglichst fugenlos ohne »Wärmebrücken« verlegt werden müssen. Darüber hinaus sollte die Wassertemperatur immer nur so hoch sein, daß die dabei trans-

portierte Wärme für die Beheizung ausreicht. Das erfolgt durch die Regelung der Vorlauftemperatur. Hat das Heizwasser die Heizkörper erreicht, muß es ermöglicht werden, daß die Wärme ohne weitere Behinderungen abgegeben werden kann.

Bauliche Gegebenheiten beeinflussen den weiteren Weg der Wärmeenergie: Der Wärmeverlust ist um so größer, je höher die Raumlufttemperatur und je geringer die Wärmedämmung von Raumumschließungsflächen ist.

Wirkungsgrad

Die Angabe verschiedener Wirkungsgrade zeigt an, welcher Prozentsatz der erzeugten Wärme jeweils von bestimmten Teilen oder vom gesamten Wärmeerzeugungs- und -verteilungssystem genutzt werden kann. Um jedoch die jeweiligen Wirkungsgrade zu Vergleichen heranziehen zu können, muß immer genau bekannt sein, auf welche Gegebenheiten sie sich beziehen.

Den **feuerungstechnischen Wirkungsgrad** enthält man, wenn man von der eingesetzten Energie die Abgasverluste abzieht. Die Abgasverluste werden vom Schornsteinfeger regelmäßig ermittelt. Der feuerungstechnische Wirkungsgrad ist hoch, wenn die Abgasverluste gering sind. Die Abgasverluste sind unter anderem gering, wenn die Abgastemperatur niedrig ist. Als Faustregel gilt, daß pro 15 Grad niedrigerer Abgastemperatur die Energieverluste etwa 1 Prozent sinken. Das Abgas soll weiter einen möglichst geringen Anteil an unverbrannten Gasen enthalten, vor allem wenig Kohlenmonoxid (CO). Bei vollständiger Verbrennung entsteht Kohlendioxid. Der Schornsteinfeger mißt also auch den Kohlendioxidgehalt. Die Verbrennung ist gut, wenn dieser hoch ist. Im Grunde mißt der Schornsteinfeger also die Güte der Verbrennung.

Ein hoher feuerungstechnischer Wirkungsgrad bedeutet nicht in jedem Fall, daß auch der Kessel gut arbeitet, denn er kann schlecht gedämmt sein und viel Wärme abstrahlen. Eine Verringerung der Abgasverluste ist möglich durch eine reduzierte Brennerleistung, durch Einbau eines Zugbegrenzers, der ein zu schnelles Entweichen der Abgase verhindert, und durch eine regelmäßige Reinigung der Brennkammer von Ruß und Ablagerungen. Bereits eine Rußablagerung von 1 mm kann den Wärmeverlust um 5 Prozent erhöhen.

Den **Kesselwirkungsgrad** erhält man, indem man mißt, wieviel Wärme während der Feuerung an das Heizwasser übergeht. Dabei wird die Abstrahlung während des Brennerbetriebs abgezogen.

Der **Nutzungsgrad** gibt an, welche Brennstoffmenge in Prozent während einer Heizperiode tatsächlich vom Wärmeerzeuger in nutzbare Heizwärme umgesetzt werden kann – unter Berücksichtigung der gesamten Wärmeverluste des Kessels. Wird der Nutzungsgrad nach DIN-Norm ermittelt, werden verschiedene Auslastungsgrade simuliert und der Nutzungsgrad daraus errechnet. Der nach Norm ermittelte Nutzungsgrad eignet sich zu Produktvergleichen.

Die **Nutzwärme** erhält man, wenn man auch noch die Transportverluste berücksichtigt, die im Rohrleitungssystem auftreten. Die Nutzwärme kann nicht genau bestimmt werden, da dazu alle Daten über Rohre, Mauerwerk usw. berücksichtigt werden müßten.

Eine **Beurteilung des tatsächlichen Wirkungsgrads** einer Heizanlage muß also folgendes berücksichtigen: Der Gesamtwirkungsgrad ist hoch, wenn der feuerungstechnische Wirkungsgrad und der Kesselwirkungsgrad hoch sind, darüber hinaus die Wärmedämmung der Leitungsrohre gut ist, das Rohrsystem möglichst kurz ist und die Wassertemperaturen niedrig gehalten werden.

Energieverbrauch und Umweltschutz

Wärme wird in Haushalten zum großen Teil durch Verbrennung erzeugt. Dabei reagiert der Brennstoff mit Sauerstoff aus der Luft, und es entsteht Wärme. Die Verbrennungsprodukte sind vorwiegend gasförmig und entweichen aus dem Schornstein. Die meisten dieser Produkte gelten als Schadstoffe. Jeder kann zur Umweltentlastung beitragen, z.B. durch Verringerung des Energieverbrauchs, energiesparende Heizungsanlagen und durch engergiebewußte Nutzung.

Stickoxide (NO$_x$)

Dabei handelt es sich um Verbindungen des in der Luft vorhandenen Stickstoffs mit Sauerstoff (NO$_x$). Sie reagieren mit Luftfeuchtigkeit zu salpetriger Säure, die einen Teil des sauren Regens ausmacht und Wälder und Böden schädigt. Die Entstehung von Stickoxiden kann durch Verbrennungstechnik und Wartung der Anlage verringert werden.

Schwefeldioxid (SO$_2$)

Ist im Brennstoff Schwefel vorhanden (z.B. viel in Kohle, weniger in Heizöl, nur Spuren im Erdgas), entsteht bei der Verbrennung Schwefeldioxid, das mit der Luftfeuchtigkeit zu schwefliger Säure reagiert, die den anderen Teil des sauren Regens bildet.

Kohlenmonoxid (CO)

Wird der in den Brennstoffen vorhandene Kohlenstoff nur unvollständig verbrannt, entsteht Kohlenmonoxid, ein giftiges Gas, das beim Einatmen in den Blutkreislauf eindringt und dort die Sauerstoffversorgung blockiert. Kohlenmonoxid entsteht bei unvollständiger Verbrennung von feuchten Brennstoffen oder bei Sauerstoffmangel. Bei in Wohnungen aufgestellten Gasetagenheizungen muß die Frischluftversorgung durch ein mit der Außenluft verbundenes Rohr gewährleistet sein. Beim Betrieb von Gasherden in Wohnungen muß regelmäßig gelüftet werden, damit kein Sauerstoffmangel entsteht.

Kohlendioxid (CO$_2$)

Es entsteht bei der Verbrennung von kohlenstoffhaltigen Brennstoffen, also z.B. bei Holz, Erdöl, Erdgas usw. Es ist an sich nicht giftig, kommt natürlich in der Atmosphäre vor, allerdings nur in einer Konzentration von 0,03 Prozent. Seit Beginn der Industrialisierung und der rapiden Zunahme des Energieverbrauchs ist auch die CO$_2$-Konzentration in der Atmosphäre laufend gestiegen. Wissenschaftler sind sich sicher, daß dieser Anstieg hauptsächlich mitverantwortlich sein wird für den Temperaturanstieg in den nächsten Jahrzehnten, den sogenannten Treibhauseffekt, der katastrophale klimatische Auswirkungen haben wird. Der einzelne kann wesentlich zur Verringerung des Treibhauseffekts beitragen, indem er den Kohlendioxidausstoß senkt. Das ist möglich durch die Einschränkung des Energieverbrauchs oder durch Nutzung von regenerativen Energien wie Holz, Sonnen- und Windenergie. Das Einsparpotential ist hoch, ein Vierpersonenhaushalt produziert zwischen 20 und 30 Tonnen Kohlendioxid jährlich.

Wasser

Bei Brennwertkesseln wird der bei der Verbrennung entstehende Wasserdampf so weit abgekühlt, bis er kondensiert. Er ist aufgrund von Schwefeldioxid und Stickoxiden säurehaltig und wird in die Kanalisation eingeleitet. Zuvor muß das Kondensat jedoch neutralisiert werden.

Feuchtigkeit und Beheizung

Durch Energieeinsparung und moderne Bautechnik haben in den letzten Jahren die Schäden durch Feuchtigkeit stark zugenommen. Früher war durch vergleichsweise undichte Fenster ein stetiger Luftaustausch und damit eine regelmäßige Feuchtigkeitsabfuhr gewährleistet. Durch energiesparende und weitgehend dichte Fenster- und Türfugen aber kann kaum mehr Feuchtigkeit abgeführt werden. Die gesamte Feuchtigkeit muß daher über die Außenmauer nach draußen wandern.

Grundsätzlich gilt: Je höher die Luftfeuchtigkeit und je niedriger die Temperaturen der Außenwände, desto eher kondensiert Wasser an den Wänden.

Lüftung
Größere Dampfmengen, z.B. beim Duschen oder Kochen, sollten möglichst sofort nach draußen abgeführt werden. Es muß durch das Schließen von Türen verhindert werden, daß sich die Feuchtigkeit in der ganzen Wohnung verteilt.

Möbelaufstellung
Feuchtigkeitsgefährdete Wände, insbesondere Außenwände, sollten nicht durch Möbelstücke verstellt werden, da das Zirkulieren der Luft und damit die Abtrocknung der Feuchtigkeit behindert wird. Falls das nicht möglich ist, muß ein mindestens 5 cm großer Abstand der Möbel von der Wand eingehalten werden, um ein Zirkulieren der Luft zuzulassen. Bei großen Möbeln sind außerdem Lüftungsschlitze erforderlich.

Dampfsperren
Moderne Farben mit hohem Kunststoffanteil, Tapeten mit Kunststoffen oder Wärmedämmmaterial, das die Diffusion des Wasserdampfes erschwert, insbesondere Schaumstoffmaterialien, können leicht zur Durchfeuchtung beitragen.

Temperaturerhöhung
Eine Temperaturerhöhung oder eine mäßige Beheizung bei nicht genutzten Räumen kann eine Durchfeuchtung verhindern.

Wärmebrücken
So werden Stellen bezeichnet, die die Wärme sehr viel schneller nach draußen abführen als die übrigen Bauteile. Hier ist meist die Wandoberflächentemperatur besonders niedrig. Typisch dafür sind Balkone oder Terrassen, die direkt mit der Betondecke oder dem Betonfußboden verbunden sind. Solche Wärmebrücken sind nachträglich nur sehr schwer in den Griff zu bekommen, so daß man bei der Planung allergrößte Sorgfalt darauf verwenden sollte, sie zu vermeiden.

Außendämmung
Eine an den Außenmauern angebrachte Wärmedämmung erhöht die Wandoberflächentemperatur und kann in vielen Fällen das Feuchtigkeitsproblem lösen.

Heizflächen
In vielen Fällen kann auch die Wahl der Heizflächen zur Problemlösung beitragen. Heizleisten in den gefährdeten Räumen erhöhen die Wandoberflächentemperatur und bilden einen Wärmevorhang, der die Austrocknung der Mauer begünstigt.

Profitip
Ist die Schimmelbildung auf Bau- und Konstruktionsfehler zurückzuführen, sollte man eine Wohnberatung aufsuchen, bevor man sich zu aufwendigen Investitionen entschließt.

Tips zum energiesparenden Heizen und Warmwasserverbrauch

Moderne Heizungsanlagen halten die Verluste bei der Wärmeerzeugung und -verteilung gering, doch sollten Sie nicht vergessen, daß Sie selbst durch Ihr eigenes Verbraucherverhalten einen wesentlichen Einfluß auf die Höhe des Energieverbrauchs haben und damit auch auf den Umweltschutz. Einige Beispiele:

● Die **Absenkung** der Raumtemperatur um 1 Grad verringert den Energieverbrauch bereits um etwa 6 Prozent. Thermostatventile ermöglichen bedarfsgerechte Raumtemperaturen. Nachts kann die Raumtemperatur durch automatische Steuerung abgesenkt werden.

● Heizungsanlagen benötigen regelmäßige **Wartung**. Insbesondere müssen Rußablagerungen im Brennerraum entfernt werden, bereits Rußschichten von 1 mm können den Energieverbrauch deutlich erhöhen.

● Heizkörper müssen ihre Wärme ungehindert abgeben können. **Vorhänge** sollten deshalb Heizkörper nicht verdecken, sondern mit dem Fensterbrett einen abgeschlossenen, wärmedämmenden Luftraum bilden. **Roll-** und **Klappläden** können die Wärmeverluste weiter deutlich reduzieren.

● Heizkörper mit Gurgelgeräuschen müssen **entlüftet** werden, denn Luft in den Heizkörpern behindert die Wärmeabgabe; das nur wenig abgekühlte Heizwasser fließt wieder zum Heizkessel zurück und verliert unnötig viel Wärme über das Rohrleitungssystem.

● Verbrauchte Raumluft muß erneuert werden, damit ein angenehmes Raumklima entsteht. Am besten ist die **Stoßlüftung**, bei der Fenster und Türen für 5 bis 10 Minuten weit geöffnet werden und so für Durchzug gesorgt wird. Je größer der Temperaturunterschied zwischen drinnen und draußen, desto eher ist die Lüftung beendet. Da Luft nur vergleichsweise wenig Wärme speichert, geht bei der Stoßlüftung nur wenig Wärme verloren, eine Auskühlung der energiespeichernden Umgebungsflächen, z.B. Außenwänden und Decken, muß vermieden werden.

● Menschen haben je nach Alter und Gesundheit einen unterschiedlichen Wärmebedarf. Vielfach kann man den Wärmebedarf durch **Gewöhnung** verringern, Vor noch einigen Jahrzehnten galten im Wohnbereich noch Raumtemperaturen von 16 bis 18

Grad als erstrebenswert. Auf jeden Fall verbessert richtige Kleidung das Wärmegefühl.

● Das Wärmegefühl in einem Raum kann auch durch **warme Farben** verstärkt werden, so daß Sie mit niedrigeren Raumtemperaturen auskommen können.

● Die **Temperatur in Heizkesseln** und Warmwasserbereitern sollte möglichst niedrig gehalten werden; entsprechende separate Speicher sind mit einer guten **Wärmedämmung** zu versehen.

● Bei richtiger Planung können Sie vielfach auf Zirkulationsleitungen verzichten. **Zeitschaltuhren** begrenzen eine vorhandene Zirkulation auf bestimmte Tageszeiten.

● Den Warmwasserverbrauch können Sie durch **wassersparende Elemente** deutlich reduzieren: Einhebelmischer ermöglichen das Einstellen einer bestimmten Wassertemperatur und sparen somit Wasser und Energie. Auch bei Thermomischbatterien entfällt das mühsame und energieverschwendende Mischen der Wassertemperatur. Wassersparende Brauseköpfe und Durchflußbegrenzer verringern die Durchflußmengen. Dusch-Stop-Hebel sparen Energie und Wasser beim Duschen.

Die richtige Energiequelle

1

Die Wahl des richtigen Brennstoffs kann die Heizkosten beeinflussen, baulichen Aufwand erhöhen oder reduzieren und zur Umweltentlastung beitragen.

Feste Brennstoffe
1 Darunter sind vor allem Holz und Kohle zu verstehen. Holz wird dort eingesetzt, wo es besonders kostengünstig und in ausreichender Menge zur Verfügung steht. Zur Lagerung benötigen Sie ausreichend Platz, denn Holz sollte mindestens 1 Jahr (Nadelholz) bzw. 2 Jahre (Laubholz) abgela-

gert sein, damit es trocken genug ist. Denn nur ausreichend trockenes Holz verbrennt schadstoffarm. Die Verfeuerung von größeren Kohlemengen ist vom Standpunkt des Umweltschutzes aus nicht empfehlenswert, denn es entstehen dabei größere Mengen an Schwefeldioxid sowie Kohlenmonoxid und Stäube.

Heizöl
Es ist immer noch der am häufigsten eingesetzte Brennstoff. Im Vergleich zu festen Brennstoffen ist das Heizöl benutzerfreundlich. Es verbrennt wesentlich umweltfreundlicher als feste Brennstoffe. Sie sind mit Erdöl leitungsunabhängig, benötigen aber Lagerraum. Zur Lagerung des Heizöls in Tanks sind bestimmte **Sicherheitsregeln** einzuhalten.

Erdgas
Hier sind Sie auf ein Leitungsnetz angewiesen, allerdings ersparen Sie sich Lagertanks sowie Tankreinigungen und -inspektionen. Erdgas gibt bei der Verbrennung vergleichsweise wenig Schadstoffe an die Umwelt ab und gilt daher als sehr umweltfreundlicher Brennstoff. Deshalb ist auch in vielen Fällen die Leitung der

Verbrennungsgase über einfache Rauchgasrohre in die Außenwand möglich, man spart möglicherweise erhebliche Bauaufwand bzw. die Sanierung oder Anpassung des Schornsteins an eine neue Heizanlage.

Flüssiggas
Als Brennstoff für Hausfeuerungen wird vorwiegend Propan eingesetzt. Flüssiggas entsteht bei der Verarbeitung von Erdöl und läßt sich bei relativ niedrigem Druck verflüssigen. Es wird in Flaschen abgefüllt, bei größerem Verbrauch in Tanks gespeichert und von Tankfahrzeugen angeliefert. Es verbrennt ähnlich umweltfreundlich wie Erdgas.

Sonnenenergie
Die von der Sonne auf die Erdoberfläche eingestrahlte Energie kann vielfach sinnvoll genutzt werden. Am bekanntesten ist die direkte Nutzung der Sonnenstrahlung durch Sonnenkollektoren, die häufig für die Erwärmung des Brauchwassers eingesetzt wird. Hier werden dann gute Wirkungsgrade erzielt, wenn der Heizwärmebedarf gering ist. So kann der Brenner oft längere Zeit außer Betrieb bleiben.

Feststoff-, Öl- und Gaskessel

Mit der Wahl eines Brennstoffs haben Sie sich noch lange nicht automatisch für einen bestimmten Kessel entschieden, denn es gibt meist unterschiedliche Konstruktionen zur Auswahl. Alle Systeme, bei denen die Warmwasserbereitung nicht nach dem Durchlaufprinzip oder durch Einzelspeicher erfolgt, sind jeweils mit integriertem Wasserspeicher oder mit separatem Speicher erhältlich.

Festbrennstoffkessel
Diese Kessel können zur Verbrennung von Holz und Kohle eingesetzt werden und sind vor allem dort sinnvoll, wo Festbrennstoffe sehr kostengünstig zur Verfügung stehen. Holz dürfen Sie nur gut getrocknet als Brennstoff einsetzen, was eine ausreichend große Lagermöglichkeit voraussetzt. Eine spezielle Form von Feststoffkesseln sind **Umstellbrandkessel**, die zwei verschiedene Feuerräume besitzen und abwechselnd mit Feststoffen sowie Öl oder Gas beheizt werden können. Sie bieten sich vor allem dort an, wo Festbrennstoffe nicht in ausreichender Menge zur Verfügung stehen.

Holzheizungen mit einer Nennwärmeleistung von über 15 Kilowatt muß man aus Gründen der Schadstoffbegrenzung mit voller Heizleistung betreiben. Um die überschüssige Wärme aufzufangen, wird ein Pufferspeicher vorgesehen.

Öl-Spezialkessel
Bei diesen Kesseln – häufig auch als Units bezeichnet – sind Brenner und Kessel genau aufeinander abgestimmt, wodurch eine energiesparende und umweltschonende Verbrennung erreicht wird.

Öl-/Gaskessel
So heißen Kesselarten, die durch Auswechslung des Brenners auf den jeweilig anderen Brennstoff umgestellt werden können.

Gas-Spezialkessel
Sie sind nur für Gasbetrieb geeignet. Durch das Einsetzen der passenden Düsen können Sie diese mit Erd- oder Flüssiggas betreiben. Sie besitzen einen sogenannten atmosphärischen Brenner, bei dem die Wärme nicht von einer großen Flamme, sondern von vielen kleinen Flämmchen erzeugt wird.

Gas-Spezialkessel gibt es in zahlreichen verschiedenen Ausführungen. Sehr platzsparende Produkte sind Gas-Küchenkessel, die in eine Küchenzeile integriert und mit einem separaten Warmwasserspeicher kombiniert werden können. **Umlaufwasserheizer** erwärmen das durchströmende Heiz- und Warmwasser nach dem Prinzip des Durchlauferhitzers. **Gasthermen** nennt man Spezialkessel, die sehr kompakt konstruiert sind und sich zur Aufhängung an der Wand eignen. Auch sie erwärmen Heiz- und Warmwasser nach dem Durchlaufprinzip.

Bei Gas-Spezialkesseln ist eine Abgasführung häufig ohne eigenen Schornstein über eine Außenwand oder einen Abgasstutzen über Dach möglich.

Wirkungsgrad verschiedener Kessel
Hochwertige moderne Kessel erreichen heute Kesselwirkungsgrade zwischen 90 und 95 Prozent. Das gilt für Gas- und Öl-Spezialkessel sowie Öl-/Gaskessel. Gas-Brennwertkessel können Wirkungsgrade von 97 bis 105 Prozent erreichen (dazu Näheres auf Seite 22).

Niedertemperaturkessel – Tieftemperaturkessel – Brennwertkessel

Herkömmliche Heizungsanlagen müssen bestimmte Grundanforderungen erfüllen, die einem möglichst sparsamen Umgang mit dem eingesetzten Brennstoff zum Teil im Wege stehen: Die Temperatur des Heizwassers im Kessel muß mindestens 65 Grad Celsius betragen, sonst würde es zur Kondensation von Wasserdampf und zur Zerstörung des Brennerraums kommen. Die Abgastemperatur muß je nach Schornsteinquerschnitt eine bestimmte Höhe besitzen, damit ein ausreichender Zug gewährleistet ist und kein Wasserdampf kondensiert, der den Schornstein zerstört. Neuere Kesselkonstruktionen können einen großen Teil der bisher verlorengegangenen Energie nutzen.

Niedertemperaturkessel (NT-Kessel)

Diese modernen Kessel sind anders konstruiert und aus hochwertigeren Materialien gebaut. Dadurch ist es möglich, die Kesseltemperatur unter 65 Grad Celsius zu senken. Da nicht mehr Wärme produziert als momentan gebraucht wird, sind die Auskühlungsverluste des Kessels geringer. Die Vorlauftemperatur, also die Temperatur, mit der das Heizwasser zu den Heizkörpern gepumpt wird, muß in diesem Fall nicht mehr durch einen Mischer hergestellt werden, sondern sie wird direkt im Kessel erzeugt. Während NT-Kessel nur bis zu einem bestimmten unteren Temperaturgrenzwert betrieben werden können, arbeiten **Tieftemperaturkessel** ohne Unterbegrenzung.

Brennwertkessel

Diese Kessel können einen großen Teil der in den Abgasen vorhandenen Wärme nutzen. Ein wichtiges Verbrennungsprodukt von fossilen Brennstoffen wie Gas oder Öl ist Wasser in Form von Wasserdampf. Das fällt normalerweise nur deshalb nicht auf, weil der Wasserdampf mit den anderen bei der Verbrennung entstehenden Gasen durch den Schornstein entweicht. Wie groß die Menge an Energie ist, die im Wasserdampf steckt, weiß jeder, der versucht, einen Liter Wasser auf einem Herd zu verdampfen. Diese Energie wird bei der Kondensation des Wasserdampfes wieder frei. Bei herkömmlichen Kesseln gehen bei der Verbrennung von Gas etwa 10, bei Öl etwa 7 Prozent der entstandenen Wärme ungenutzt verloren.

Brennwertkessel können die Abgase so weit abkühlen, daß der Wasserdampf kondensiert und die in ihm vorhandene Wärme an den Heizkreislauf abgibt. Das geschieht meist über einen zweiten Wärmetauscher, der von dem im Heizkörper zurückfließenden, abgekühlten Heizwasser durchflossen wird. Brennwertgeräte arbeiten besonders effektiv, wenn die Temperatur des Rücklaufwassers relativ niedrig ist, z.B. bei Niedertemperaturheizungen.

Brennwertkessel erreichen gegenüber herkömmlichen Heizkesseln hohe Wirkungsgrade, zum Teil über 100 Prozent. Das ist nur auf den ersten Blick ein Widerspruch. Denn der Wirkungsgrad wird bei Heizungsanlagen immer noch auf den sogenannten Heizwert bezogen, das ist die bei der Verbrennung freiwerdende Energie abzüglich der in Wasserdampfform gespeicherten Energie. Kann die Wasserdampfenergie aber genutzt werden, kann der Wirkungsgrad auf über 100 Prozent steigen. Die gesamte in einem Brennstoff steckende Energie wird auch Brennwert genannt – daher der Name **Brennwert-kessel.**

Brennwertkessel werden in den meisten Fällen mit Erd- oder Flüssiggas betrieben. Ölbrennwertgeräte sind demgegenüber teurer und können nur eine geringere Wasserdampfmenge nutzen, da bei der Verbrennung von Öl weniger Wasserdampf entsteht. Sie erreichen daher schlechtere Wirkungsgrade.
Das bei der Abkühlung der Abgase entstehende Kondensat muß meist neutralisiert werden, was beim nur leicht sauren Kondensat von Gasgeräten leichter gelingt als bei Ölbrennwertgeräten.

Die sehr niedrigen Abgastemperaturen von 40 bis 80 Grad Celsius ermöglichen kein selbständiges Entweichen der Abgase über den Schornstein mehr, sie müssen mit Hilfe eines Ventilators ins Freie befördert werden. Daher wird man in vielen Fällen Umbauten am Schornstein vornehmen müssen, z.B. durch Einziehen eines säurebeständigen Rohrs, doch sind auch Außenwandgeräte erhältlich, die die Abgasführung über eine Außenwand ermöglichen.

ABGAS

KONDENSAT

Sonnenkollektoren

1

2

Sonnenenergie kann heute einen wesentlichen Teil des in einem Haushalt benötigten Warmwassers erwärmen, bei größerer Auslegung der Kollektoren in der Übergangszeit auch einen Beitrag zur Raumheizung leisten.

1–2 Flachkollektoren bestehen aus einer Absorberplatte, die meist aus Rohren und Lamellen hergestellt und mit einer Glasplatte abgedeckt wird. **Vakuumflachkollektoren** werden fabrikmäßig in bestimmten Größen gefertigt. Zwischen Absorber und Glasabdeckung befindet sich ein Vakuum, so daß die Wärmeverluste des Kollektors reduziert werden. **Vakuumröhrenkollektoren** sind Glasröhren, aus denen die Luft abgesaugt wurde. Wärmeverluste werden dabei reduziert.

Sonnenkollektoren geben ihre gesammelte Wärme an eine Wärmeträgerflüssigkeit ab und übertragen sie so an einen Brauchwasser- oder Heizwasserspeicher. Scheint die Sonne wenig, heizt ein Kessel oder ein elektrischer Heizstab nach.

Sonnenkollektoren können je nach Bauart und Platzangebot entweder in die Dachhaut integriert oder auch über Dach montiert werden. Sie können jedoch auch auf Flachdächern, Garagen, Terrassen und Balkonen Platz finden, ja sogar in die Hausfassade integriert werden. Voraussetzung ist, daß die jeweilige Fläche möglichst lange am Tag von der Sonne beschienen wird, der ideale Neigungswinkel des Kollektors liegt bei etwa 45 Grad.

Wirtschaftlichkeitsberechnungen für Sonnenkollektoren sind schwierig. Eine Berechnung muß berücksichtigen: Die Anschaffungs- und Montagekosten, die Lebensdauer, die Energieausnutzung. Dabei ist zu beachten, daß Rohrsystem und Wasserspeicher weit weniger alterungsanfällig sind als der Kollektor selbst. Sonnenkollektoren werden von den Nutzern nicht allein unter wirtschaftlichen Gesichtspunkten betrachtet – auch der Gedanke, den Energieverbrauch zu reduzieren und damit einen wichtigen Beitrag zum Umweltschutz leisten zu können, spielt eine wichtige Rolle. Selbstbausätze können die Kosten reduzieren und damit die Wirtschaftlichkeit spürbar verbessern.

Profitip
Der Leistungsbereich der Kollektoren ist sehr unterschiedlich, deshalb sollten Sie Testergebnisse heranziehen. Gemessen wird die Leistung z.B. über den Wärmeertrag in Kilowattstunden und Jahr oder den Wirkungsgrad, den Anteil der einfallenden Sonnenenergie, der vom Kollektor in nutzbare Wärme umgewandelt wird.

Wärmepumpen

1 Eine Wärmepumpe funktioniert im Grunde wie ein Kühlschrank. Dort wird dem Inneren des Kühlschranks Wärme entzogen. Diese Wärme wird am rückwärtigen Teil des Kühlschranks abgegeben. Wärmepumpen nutzen die Umweltwärme. Sie nehmen diese Wärme auf und geben sie über einen Wärmetauscher (den »Kühlschlangen« des Kühlschranks vergleichbar) an Heizwasser oder Warmwasserspeicher ab. Die Wärmeaufnahme ist bereits bei vergleichsweise niedrigen Temperaturen möglich, denn die aufgenommene Wärme wird durch Einsatz von Energie auf ein höheres Temperaturniveau »hochgepumpt«.

Jeder weiß, wie lange es dauert und wieviel Energie man verbraucht, wenn man Wasser verdampft. Diese Energie wird wieder frei, wenn das Wasser kondensiert. Die Wärmepumpe macht sich das gleiche System zunutze. Sie benutzt aber eine Flüssigkeit, die bereits bei wesentlich niedrigeren Temperaturen siedet, z.B. bei 5 Grad C. Durch das Verdampfen wird der Umwelt Wärme entzogen. Der Flüssigkeitsdampf wird nun verdichtet, die Tempera-

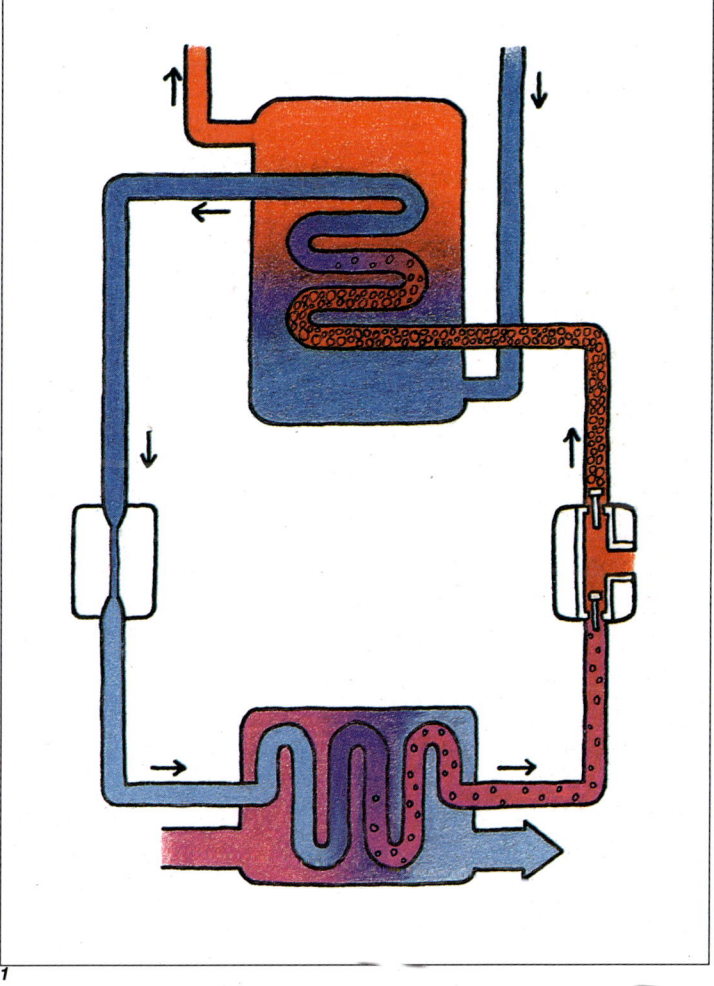

1

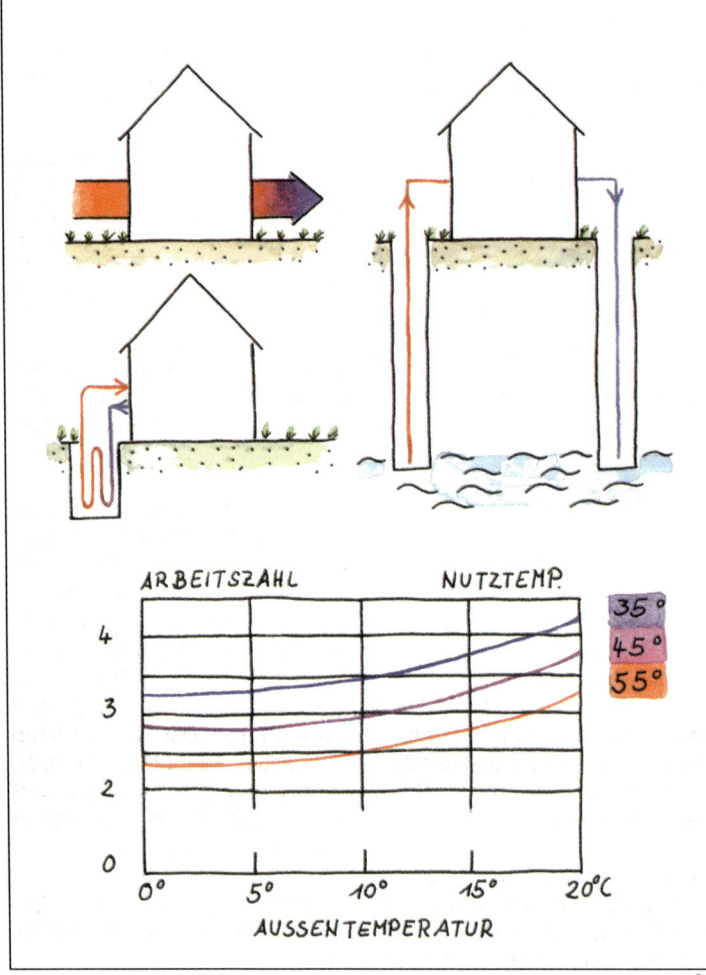

tur steigt dabei stark an. Das ist im Grunde das gleiche Prinzip, das eine Luftpumpe beim Pumpen warm werden läßt, am wärmsten jedoch, wenn man das Auslaßventil zuhält, so daß die Luft unter Druck steht. Die nun erreichte Energie wird durch einen Wärmetauscher an Heiz- oder Warmwasser abgegeben. Anschließend wird der Druck weggenommen, der Kreislauf beginnt von neuem.

Energiequellen

2 Als Energiequellen kommen Luft, Erdreich oder Grundwasser in Frage. Die Verwendung von **Luft** hat den Nachteil, daß die Lufttemperaturen gerade dann, wenn viel Wärme gebraucht wird, so niedrig sind, daß so nicht oder nur mit schlechtem Wirkungsgrad Energie erzeugt werden kann. Die Verwendung von **Erdreich** ist möglich, weil es in einer bestimmten Tiefe eine relativ konstante Temperatur aufweist. Moderne Erdreichkollektoren bestehen aus einem langen Rohrsystem, das in einem Graben verlegt wird. Die Verwendung des **Grundwassers** als Wärmequelle erfordert durch die Bohrung eines Förder- und eines Schluckbrunnens einen relativ

2-3

hohen baulichen Aufwand. Diese Methode kann je nach den geologischen Gegebenheiten recht kostenintensiv sein.

Energiezufuhr
Zum Betrieb von Wärmepumpen muß Energie eingesetzt werden. Wird elektrische Energie eingesetzt, spricht man von Elektrowärmepumpen. Der Betrieb ist aber auch mit Gas möglich. Man spricht dann von Gaswärmepumpen. Die meisten Gaswärmepumpen arbeiten mit einem Gasmotor (Gasmotorwärmepumpen).

Energieausnutzung
3 Durch den Einsatz von Wärmepumpen kann mehr Energie genutzt werden, als aufgewendet wird. Die eingesetzte Energie wird um so besser ausgenutzt, je kleiner der Temperaturunterschied ist, der von der Wärmepumpe überwunden werden muß. Das heißt konkret, je niedriger die Außenlufttemperatur bzw. die Temperatur des Erdreichs oder des Grundwassers, je höher aber die zum Schluß zu erreichende Nutztemperatur, desto schlechter der Wirkungsgrad. Diese Zusammenhänge stellt nebenstehende Abbildung dar.

Der Wirkungsgrad einer Elektrowärmepumpe wird durch die Arbeitszahl ausgedrückt. Die Arbeitszahl gibt an, wieviel mal höher die genutzte Energie im Vergleich zur eingesetzten ist. Will man jedoch die Energienutzung insgesamt betrachten, muß man den Weg von der Entstehung an betrachten. Für Elektrowärmepumpen muß dabei berücksichtigt werden, daß Strom in Kraftwerken in der Regel mit sehr geringem Wirkungsgrad erzeugt wird. So gehen etwa zwei Drittel der eingesetzten Energie bei der Stromerzeugung und durch den Stromtransport über weite Strecken verloren.

Die Elektrowärmepumpe nun kann etwa das Zwei- bis Dreifache aus der eingesetzten Energie herausholen, so daß man zu einer Energieausnutzung von bis zu 100 Prozent kommt. Anders jedoch bei Gaswärmepumpen, die aus 100 Prozent eingesetzter Energie bis zu 160 Prozent Nutzenergie erzeugen.

Brauchwasserwärmepumpen
4 Dabei handelt es sich um kleine Elektrowärmepumpen, die die Luft als Wärmequelle nutzen.

4

Diese Wärmepumpen arbeiten gerade dann mit gutem Wirkungsgrad, wenn die Lufttemperaturen hoch sind.

Hier wird aber kaum Heizwärme gebraucht, so daß hier eine sinnvolle Kombination möglich ist. Kombiniert sind Brauchwasserwärmepumpen mit einem separaten Warmwasserspeicher, der im Winter über einen Wärmetauscher vom Heizkessel aufgeheizt werden kann. Der Aufsatz kann bei bestimmten Modellen auch an einem anderen Ort montiert werden, z.B. in einem Raum, in dem Kühlung erwünscht ist.

Die Abbildung 4 zeigt den Wärmetauscher hinter einer Verkleidung.

Speicher

Speicher sollen – wie ihr Name schon andeutet – zur Speicherung von Wärme dienen, z.B. zur Speicherung der erzeugten Heizwärme, des Brauchwassers oder der Sonnenenergie. In alten und auch in neuen herkömmlichen Anlagen sind im Heizkessel zwei Wärmespeicher integriert: Der Speicher für das im Heizkreislauf zirkulierende Wasser und das Warmwasser.

Beistellspeicher
Bereits sehr lange gibt es bei Gasheizungen den sogenannten Beistellspeicher, der mit einer eigenen Heizflamme betrieben wird, also völlig unabhängig vom Heizkessel arbeitet.

Warmwasserspeicher
Die Warmwasserspeicher werden heute vielfach vom Heizkessel getrennt. Zum einen ermöglichen sie, daß jeweils eine größere Menge an Warmwasser aufgeheizt wird. Ein getrennter Warmwasserspeicher ist auch nötig zur Nutzung der Sonnenenergie für die Brauchwasserbereitung.

Heizwasserspeicher
Die Speicher für Heizwasser in alten Heizkesseln waren vergleichsweise groß und schlecht gedämmt. Das führte dazu, daß die Heizwasservorräte reduziert wurden, um unnötige Wärmeverluste zu vermeiden. Moderne Heizwasserspeicher ermöglichen die Speicherung von größeren Wärmemengen und damit geringere Schadstoffmengen durch seltenes Aus- und Einschalten des Brenners, außerdem die Nutzung von Sonnenenergie in der Übergangszeit für Heizzwecke. Bestimmte Speicher sind im mittleren Bereich durch Lochbleche unterteilt und ermöglichen so eine bessere Temperaturschichtung, bestimmte Modelle ermöglichen den Einbau von Latentspeicherelementen.

Latentspeicherelemente
Zum Schmelzen von Flüssigkeiten wird besonders viel Energie benötigt, beim Erstarren wird diese Energie wieder freigesetzt. Diese Latent- oder Schmelzwärme kann durch spezielle Elemente gespeichert werden, die eine Masse auf Paraffinbasis enthalten und bei im Wasserspeicher üblichen Temperaturen erstarrt und schmilzt. So kann die Speicherkapazität des Wasserspeichers auf das zwei- bis dreifache erhöht werden. Das ist vor allem bei Sonnenenergienutzung sinnvoll, weil so größere Wärmemengen gespeichert werden und damit auch längere sonnenlose Zeiten überbrückt werden können.

Opferanoden
Alle Speicherinnenflächen, die mit Heizwasser in Berührung kommen, müssen nicht besonders geschützt werden, denn es handelt sich um »totes Wasser«, d.h. Wasser, das sich immer im Kreislauf befindet, daher keinen Sauerstoff mehr enthält und somit keine Korrosion mehr verursacht. Reine Warmwassererzeuger jedoch sind immer dem im Wasser vorhandenen Sauerstoff ausgesetzt und müssen (Ausnahme: Edelstahl) trotz Emaillierung vor Korrosion geschützt werden. Das geschieht durch sogenannte Opferanoden, die die Funktion haben, statt des Stahls sich mit dem Sauerstoff zu verbinden, sich sozusagen zu »opfern«. Opferanoden, die nach dem Verbrauch selbständig durch ein Lichtsignal aufzeigen, daß sie verbraucht sind und ausgetauscht werden müssen, werden deshalb als Signalanoden bezeichnet.

Tankanlagen

Für die Lagerung von Öl und Propangas sind Tankanlagen notwendig. Für Bau und Betrieb solcher Anlagen gibt es strenge Vorschriften. Damit soll Unfällen durch auslaufendes Öl oder ausströmendes Gas vorgebeugt werden.

Öltanks
Hauptziel aller Sicherheitsvorschriften ist es, das Auslaufen des Öls und sein Eindringen in Baustoffe, vor allem aber ins Erdreich zu verhindern. Das Öl verteilt sich im Erdreich und verseucht das Grundwasser. Solche Schäden müssen durch das Ausheben des Erdreichs beseitigt werden und können sehr hohe Kosten verursachen. Ölanlagen müssen in der Regel von dafür zugelassenen Fachfirmen erstellt oder zumindest abgenommen und vom Betreiber laufend auf Funktionsfähigkeit überprüft werden. Erkundigen Sie sich deshalb genau nach den Sicherheitsvorschriften.

Sichere Öltankanlagen können grundsätzlich im Erdreich oder im Keller errichtet werden. Für die Lagerung im Erdreich werden häufig Spezialtanks verwendet, die doppelwandig aufgebaut sind.

Für die Lagerung im Keller wird ein genügend großer Lagerraum benötigt. Die Regel ist auch heute noch die Aufstellung des Tanks in einer öldichten Wanne, die meist durch drei Kellerwände und die Aufmauerung einer vierten Wand gebildet wird. Sie soll das Öl bei einem Leck aufnehmen können und muß dicht sein. Nach dem Auftragen der Putzschicht muß die Putzoberfläche daher mehrmals sorgfältig mit Spezialfarbe gestrichen werden. Diese Farbe bewirkt eine Abdichtung. Bei einigen Spezialtankkonstruktionen kann auf eine Ölauffangwanne verzichtet werden.
Damit Tanks problemlos in den Keller transportiert bzw. auch wieder entfernt werden können, werden bei der Kellerlagerung sogenannte Batterietanks eingesetzt. Sie sind so schmal, daß sie durch enge Türen passen. Eine Verbindung im unteren Bereich garantiert einen gleich hohen Ölstand in allen Tanks. Vielfach werden jedoch heute Tanks eingesetzt, die nur im oberen Bereich verbunden sind und möglichst gleichmäßig gefüllt werden. Das Öl wird durch die Rohranschlüsse gleichmäßig aus den Tanks entnommen.

Propangastanks
Auch für sie gelten bestimmte Sicherheitsbestimmungen. Verhindert werden soll insbesondere das Ausströmen des Gases und seine Ansammlung in Räumen oder auch Bodensenken. Propangas ist schwerer als Luft. Es könnte z.B. beim Ausströmen die Luft verdrängen und dabei explosive Gemische bilden, oder – wenn sich Personen aufhalten – zur Erstickung führen. Grundsätzlich ist auch eine Lagerung in unterirdischen Tanks möglich. Dabei muß der Tank in einem Sandbett liegen.

Bei einer Aufstellung im Freien muß gesichert sein, daß eventuell ausströmendes Gas sich nirgends ansammeln kann. Von Gebäuden muß bei einer oberirdischen Lagerung ein bestimmter Abstand eingehalten werden. Der Tank wird auf einer baustahlbewehrten Betonplatte aufgestellt.

Ökotip
Durch Rankgerüste und Kletterpflanzen können solche Tanks gut in die Umgebung integriert werden.

Heizkörper und Heizflächen

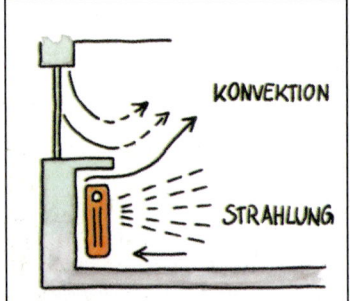

1

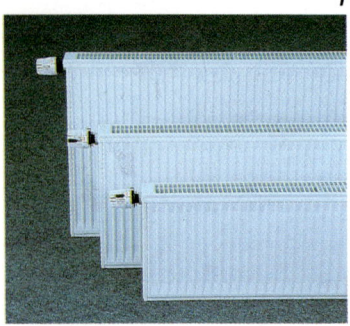

2

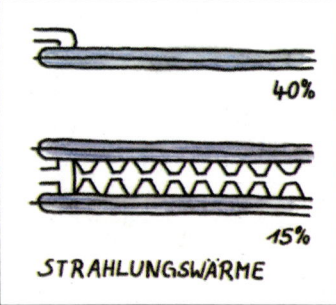

3

Die Auswahl der Heizkörper bzw. der Heizflächen ist abhängig von einer Vielzahl von Faktoren. Die grundlegende Entscheidung für ein bestimmtes System will gut überlegt sein, damit späterer Ärger erspart bleibt. Vielfach stehen ästhetische Überlegungen im Vordergrund. Bedacht werden sollten jedoch die Wärmedämmung eines Gebäudes, die beabsichtigte oder tatsächliche Nutzung im Laufe eines Tages und mögliche Wärmegewinnung durch Sonneneinstrahlung.

1 Heizflächen geben ihre Wärme durch **Strahlung** oder **Konvektion** ab. In der Praxis hat jede Form der Wärmeabgabe einen bestimmten Anteil. So sind praktisch fließende Übergänge zwischen 10 und 90 Prozent Strahlungsanteil durch Auswahl und Betrieb der Heizflächen möglich. Grundsätzlich gilt: Je größer die Fläche ist, die Wärme abgibt und gleichzeitig offen sichtbar ist, und je niedriger die Oberflächentemperatur, desto größer ist der Strahlungsanteil. Deshalb haben Fußbodenheizungen einen hohen Strahlungsanteil. Bei Glieder- und Plattenheizkörpern kommt es auf den Aufbau, die Größe und die Wassertempe-

ratur an. Die Wärmeabgabe ist hier nicht zuletzt auch eine Frage des Raumangebots; wenn nämlich ein höherer Strahlungsanteil erwünscht ist, sind größere Heizkörperoberflächen nötig. Bei geringem Platzangebot wird man dagegen auf Heizkörper mit hohem Konvektionsanteil zurückgreifen müssen.

Radiatoren

Sie bestehen aus einzelnen Gliedern, die in gewünschter Zahl aneinandergereiht Heizkörper beliebiger Größe ergeben. Durch zusätzliche Variation der Höhe und Tiefe der einzelnen Glieder kann somit die Heizleistung unterschiedlich stark eingestellt werden. Gliederheizkörper haben eine vergleichsweise große Oberfläche, so daß in Abhängigkeit von Höhe und Tiefe ein großer Anteil (etwa 40 bis 60 Prozent) der Wärme in Form von Strahlung abgegeben wird.

Plattenheizkörper

2–3 Sie sind ungemein vielgestaltig und für sehr unterschiedliche Zwecke einsetzbar. Nach außen weisen sie eine glatte oder leicht profilierte Oberfläche auf. Je nach Aufbau des Plattenheizkörpers erfolgt die Wärmeabgabe mit einem höheren Strahlungs- oder einem höheren Konvektionsanteil. Der reine Plattenheizkörper hat einen relativ hohen Strahlungsanteil, eine sehr geringe Bautiefe und ist leicht zu reinigen. Für eine bestimmte Heizleistung benötigt man jedoch relativ große Flächen.

Daher werden meist zwei Platten kombiniert und zusätzlich lamellenförmig sogenannte Konvektionsbleche angeordnet. Je tiefer ein Plattenheizkörper und je zahlreicher die Konvektionsbleche, desto größer ist der Konvektionsanteil.

Konvektoren

4 Sie bestehen aus einem runden oder ovalen Rohr, um das Lamellen oder Rippen angeordnet sind. Sie werden so eingebaut, daß durch eine Verkleidung oder durch Anordnung unterhalb der Fußbodenfläche Luft angesaugt wird. Die Erwärmung erfolgt fast ausschließlich durch Luftumwälzung.

Heizleisten

5–6 Fußleistenheizkörper werden nach einem bestimmten System, zumeist an den Außenwänden,

4

montiert. Die Wandflächen sollten dort nicht mit Möbeln zugestellt werden. Die abgegebene Wärme erwärmt die Wandoberfläche, die ihrerseits ihre Wärme in Form von Strahlung an den Raum weitergibt. Erwärmte Luft steigt hoch und bildet einen Wärmevorhang. Die Wärme wird auf diese Weise weitgehend gleichmäßig verteilt, feuchte Wände, die zur Schimmelbildung neigen, bleiben eher trocken.

Fußbodenheizung

7–8 Bei Fußbodenheizungen wirkt im Grunde der gesamte Fußboden als »Heizkörper«. Aufgrund der großen Fläche und der vergleichsweise niedrigen Oberflächentemperatur wird der größte Teil der Wärme durch Strahlung abgegeben. Fußbodenhei-

5

6

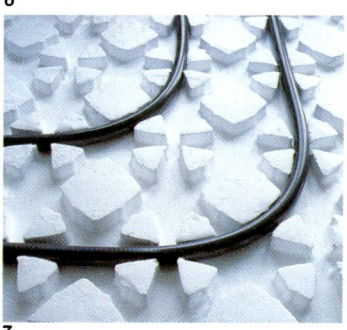
7

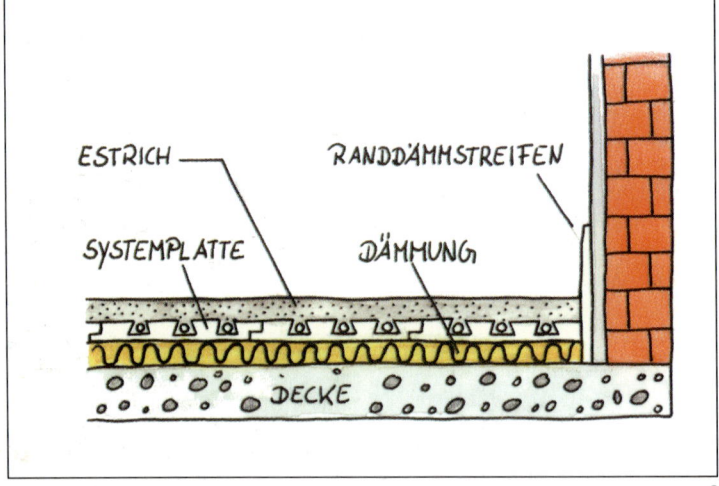

ESTRICH

SYSTEMPLATTE

RANDDÄMMSTREIFEN

DÄMMUNG

DECKE

8

zungen werden mit relativ niedrigen Wassertemperaturen betrieben. Sie sind daher typische Niedertemperaturheizungen. Denn die Fußbodenoberfläche darf 26 bis 27 Grad Celsius nicht überschreiten. Die Oberflächentemperatur ist im Grunde abhängig von der verlegten Rohrlänge pro Quadratmeter. Denn je weniger Rohr verlegt wird, desto höher müssen an kalten Tagen die Temperaturen sein, damit der Wärmebedarf gedeckt werden kann. Zu sparsamer Umgang mit Heizungsrohr kann so später zu einem unbehaglichen Raumklima führen. Das Heizwasser wird meist durch Kunststoffrohre geleitet und erwärmt so den Estrich. Aufgrund der großen Estrichmasse und der vergleichsweise niedrigen Wassertemperaturen dauert diese Erwärmung vergleichsweise lange. Andererseits ist eine große Wärmemenge gespeichert, so daß eine Wärmeabgabe auch noch lange nach Abstellen der Heizung erfolgt. Die Fußbodenheizung ist also eine relativ träge Heizung. Fußbodenheizungen als einzige Wärmequelle sollten nur dort eingesetzt werden, wo eine sehr gute Wärmedämmung der Wände und Fenster für hohe Wandoberflächentemperaturen sorgt, da sonst Zugerscheinungen in Fenster- oder Wandnähe zu spüren sind. Bei schlechterer Dämmung sollte man zusätzliche Heizkörper einplanen. Da Fußbodenheizungen träge sind, können sie z.B. auf Wärmegewinne durch Sonneneinstrahlung, z.B. bei großen Südfenstern, nicht schnell genug reagieren, so daß eine zu große Erwärmung eintreten kann. Häufig werden Fußbodenheizungen mit Fliesen- oder Plattenbelägen kombiniert, da dadurch eine gute Wärmeabgabe gewährleistet ist. Möglich sind auch Teppich- oder Parkettbeläge.

Kombinationsmöglichkeiten
Elemente aus verschiedenen Heizungssystemen können sinnvoll miteinander kombiniert werden. Dazu sind verschiedene Heizkreise vorgesehen, die über Mischer mit unterschiedlichen Wassertemperaturen beschickt werden können, z.B. eine Fußbodenheizung im Bad für konstante Wärme und ein Plattenheizkörper mit Konvektionsblechen für die schnelle Aufheizung im Gästezimmer.

Regeleinrichtungen

Moderne elektronische Regeleinrichtungen ermöglichen eine optimale Ausnutzung der eingesetzten Energie und damit einen wirtschaftlichen Betrieb einer Heizungsanlage. Gegenüber den einfachen älteren Regeltechniken können dabei beachtliche Einsparungen erzielt werden. Eine moderne Heizungsregelung zerfällt in zwei Teile: die zentrale Regelung der Heizungsanlage und die Raumtemperaturregelung. Grundlegendes Ziel der zentralen Regelung ist es, die Wassertemperaturen im Kessel und im Rohrsystem möglichst niedrig zu halten und möglichst nicht mehr Wärme zu produzieren, als gerade gebraucht wird, um Wärmeverluste auf einem Minimum zu halten. Grundlegendes Ziel der Raumtemperaturregelung ist es, die Räume auf einem gewünschten Temperaturniveau zu halten und sie nicht zu überheizen.

Kesseltemperatur

Das im Heizungskreislauf zirkulierende Heizwasser wird im Kessel erwärmt. Je höher die Kesseltemperatur, desto höher sind auch die Wärmeverluste durch Abstrahlung und innere Auskühlung über den Schornstein. Deshalb sollte die Kesseltemperatur so niedrig eingestellt werden, daß die gewünschte Heizleistung gerade noch erbracht wird. Moderne Nieder- und Tieftemperaturkessel erlauben eine automatische Steuerung der Kesseltemperatur bis herunter zur Umgebungstemperatur.

Pumpen

1-2 Umwälzpumpen haben die Aufgabe, den Wasserumlauf im Rohrsystem aufrechtzuerhalten. Dabei wird elektrische Energie verbraucht. Für die unterschiedlichen Leistungsanforderungen hat die Pumpe unterschiedliche Drehzahlbereiche, zum Teil auch stufenlose Regelungen. Dadurch kann die Pumpenleistung möglichst genau dem jeweiligen Bedarf angepaßt und somit der Strombedarf vermindert werden. Dabei lassen sich durchaus Einsparungen in Höhe von 200 bis 300 kWh pro Jahr erzielen. Grundsätzlich können die Drehzahlbereiche per Hand eingestellt werden. Es werden auch automatische Steuerungen angeboten, die per Zeitschaltuhr ein- und ausschalten oder umschalten, außerdem Steuerungen, die die Drehzahlen nach der Außentemperatur steu-

1

2

3

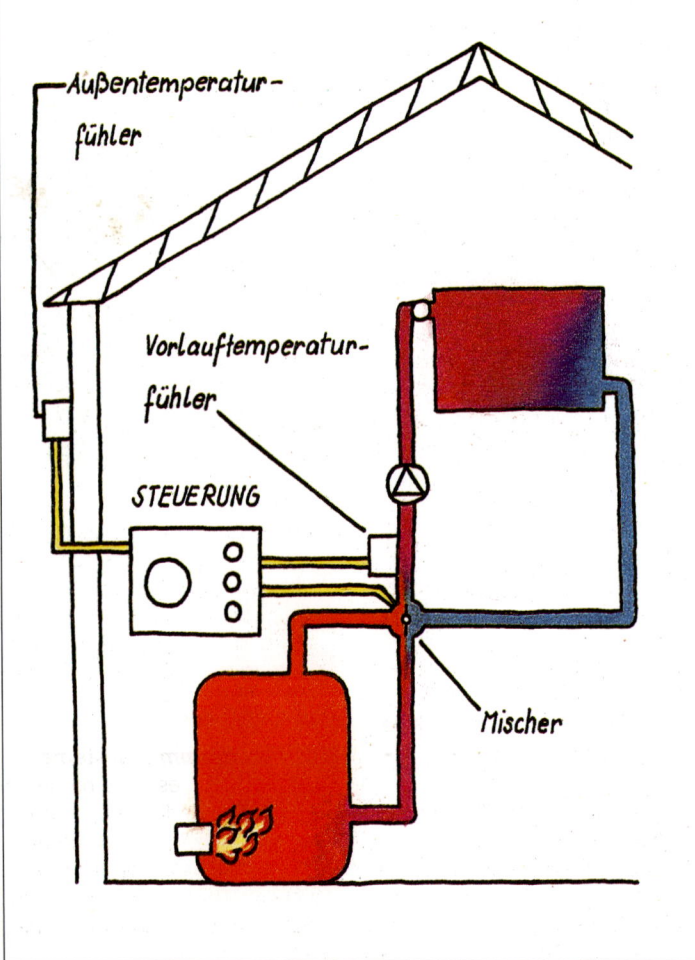

Außentemperatur-
fühler

Vorlauftemperatur-
fühler

STEUERUNG

Mischer

4

ern oder auch lastabhängig, indem der Wasserdruck gemessen wird.

Mischer
3 In vielen Fällen ist die im Kessel eingestellte Heizwassertemperatur noch zu hoch für den jeweiligen Wärmeverbrauch. Über das Rohrnetz würde unnötig viel Wärme verlorengehen. Deshalb wird dem Kesselwasser kälteres Wasser beigemischt, das gerade von den Heizkörpern kommt (Rücklaufwasser). Das nennt man Regelung der Vorlauftemperatur, d.h. Regelung der Temperatur des Wassers, das zu den Heizkörpern strömt. In älteren Anlagen konnte man die Vorlauftemperatur per Hand einstellen, was jedoch zeitaufwendig war und wenig genau. Moderne Heizungsanlagen regeln die Vorlauftemperatur mit einem Mischer mit Stellmotor.

Heizungsregelung über einen Außentemperaturfühler
4 Der Mischer bekommt seine Impulse von einem zentralen Steuergerät, das wiederum von einem Außentemperaturfühler – ein häufig an der nördlichen Außenwand angebrachter Fühler – über den Wärmebedarf informiert wird.

Heizkurve

Zur Regelung der Vorlauftempera-tur nach der Außentemperatur müssen bestimmte Grunddaten im zentralen Steuergerät gespei-chert werden. Das geschieht durch Einstellung der Heizkurve. Die Heizkurve ordnet einer be-stimmten Außentemperatur eine bestimmte Vorlauftemperatur zu. Die Vorlauftemperatur ist ab-hängig vom Wärmeschutz und Wärmebedarf und muß daher den jeweiligen Gegebenheiten ange-paßt werden. Ist die Wohnung bei niedrigen Außentemperaturen zu kalt, muß die Vorlauftemperatur erhöht werden.

Zeitschaltuhr

Mit der Zeitschaltuhr kann die Raumtemperatur zu bestimmten Tageszeiten, z.B. nachts, bei auf-wendigeren Geräten auch zu bestimmten Wochentagen über die Regelung der Vorlauftempera-tur in einem gewünschten Umfang abgesenkt werden. Da viel Wärme in den Raumumschließungsflä-chen gespeichert ist, kann diese Absenkung bereits eine gewisse Zeit zuvor einsetzen. Sie sollte aus dem gleichen Grund bereits eine Stunde vor Nutzungsbeginn wie-der aufgehoben werden.

Thermostatventile

5 Thermostatventile können die Raumlufttemperatur in verschie-denen Räumen individuell regeln. Sie halten die durch die Ventil-einstellung gewählte Temperatur konstant, indem sie den Heiz-wasserdurchfluß öffnen oder schließen. Erhält der Raum zu-sätzliche Wärme durch Sonnen-einstrahlung, Elektrogeräte oder durch den Aufenthalt von Perso-nen, drosselt das Thermostat-ventil automatisch die Wasserzu-fuhr. Thermostatventile verhin-dert also ein Überheizen von Räumen und damit unnötige Energieverluste.

Profitip

Thermostatventile in Nischen oder hinter Verkleidungen mes-sen möglicherweise eine zu hohe Temperatur. In diesem Fall hilft der Einbau eines Ther-mostatventils mit Fernfühler, der in etwa 0,5 bis 1,5 m Ent-fernung angebracht wird.

Programmierbare Thermostat-ventile

Moderne programmierbare Ther-mostatventile auf mikroelektroni-scher Basis ermöglichen eine Planung der Raumtemperaturen

5

nach Tages- und Wochenzeiten und damit ein Optimum an Ener-gieausnutzung. So kann z.B. für Berufstätige der gewünschte Temperaturverlauf des jeweiligen Raums im Verlauf eines Tages eingestellt werden.

Raumprogrammiersysteme

Daneben gibt es Raumregelun-gen, bei denen die Temperaturen nicht nur individuell für mehrere verschiedene Räume festgelegt, sondern auch nach Tages- und Wochenzeiten vorprogrammiert werden können.

Rohre

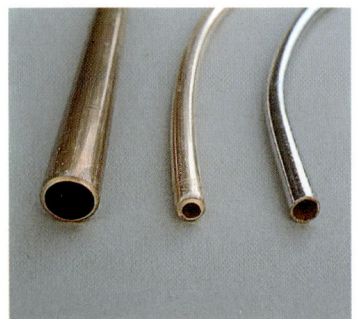

1

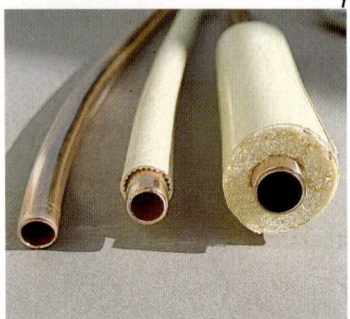

2

3

Bei der Heizungsinstallation können Stahl-, Kupfer- und Kunststoffrohre eingesetzt werden. Stahlrohre sind vergleichsweise wenig verarbeitungsfreundlich, so daß sie heute von den beiden anderen Materialien weitgehend verdrängt worden sind.

Kupferrohre
1 Kupferrohre werden in Stangen zu 5 m (Hartkupfer) oder in Ringen von 25 oder 50 m (Weichkupfer) geliefert. Stangen setzt man eher dort ein, wo die Rohrleitungen über Putz verlegt werden, da sich damit optisch ansprechendere Arbeitsergebnisse erzielen lassen. Mit Kupferrohr auf Rollen (bis 22 mm Rohrdurchmesser) lassen sich größere Strecken an einem Stück verlegen. Sie werden vor allem für die Verlegung unter Putz eingesetzt, sind sehr arbeitssparend und ermöglichen eine Rohrverlegung mit nur wenigen Lötverbindungen.
Weichkupferrohre geringerer Stärke werden z.B. auch für Verbindungsleitungen zwischen Öltank und Heizungsanlage verwendet, verchromte Weichkupferrohre dienen dem Anschluß von Auslaufventilen an Waschbecken über Eckventile.

2 Kupferrohre können in verschiedenen Ausführungen geliefert werden. Blanke Kupferrohre müssen nachträglich entweder vor Feuchtigkeit oder gegen Wärmeverlust geschützt werden. Rohre mit einem Kunststoffmantel (WICU-Rohre) sind gegen Feuchtigkeitseinwirkungen wie Kondenswasser geschützt, haben jedoch keine ausreichende Wärmedämmung. Sie werden dort eingesetzt, wo mit Feuchtigkeitseinwirkungen zu rechnen ist (Verlegung in feuchten Räumen oder im Erdreich, bei kaltwasserführenden Rohren, die durch Kondenswasser gefährdet sind), z.B. in Räumen mit hohem Feuchtigkeitsanfall wie Waschküchen, Küchen usw.

Fabrikmäßig ausreichend wärmegedämmtes Kunststoffrohr ist nur bei langen geraden Rohrstrecken geeignet. Dabei gibt es mit WICU-plus ein gesetzlich ausreichend wärmegedämmtes Rohr, mit WICU-extra ein besonders gut wärmegedämmtes Rohr. Ungedämmte warmwasserführende Kupferrohre müssen nachträglich mit dafür geeignetem Dämmaterial wärmegedämmt werden.

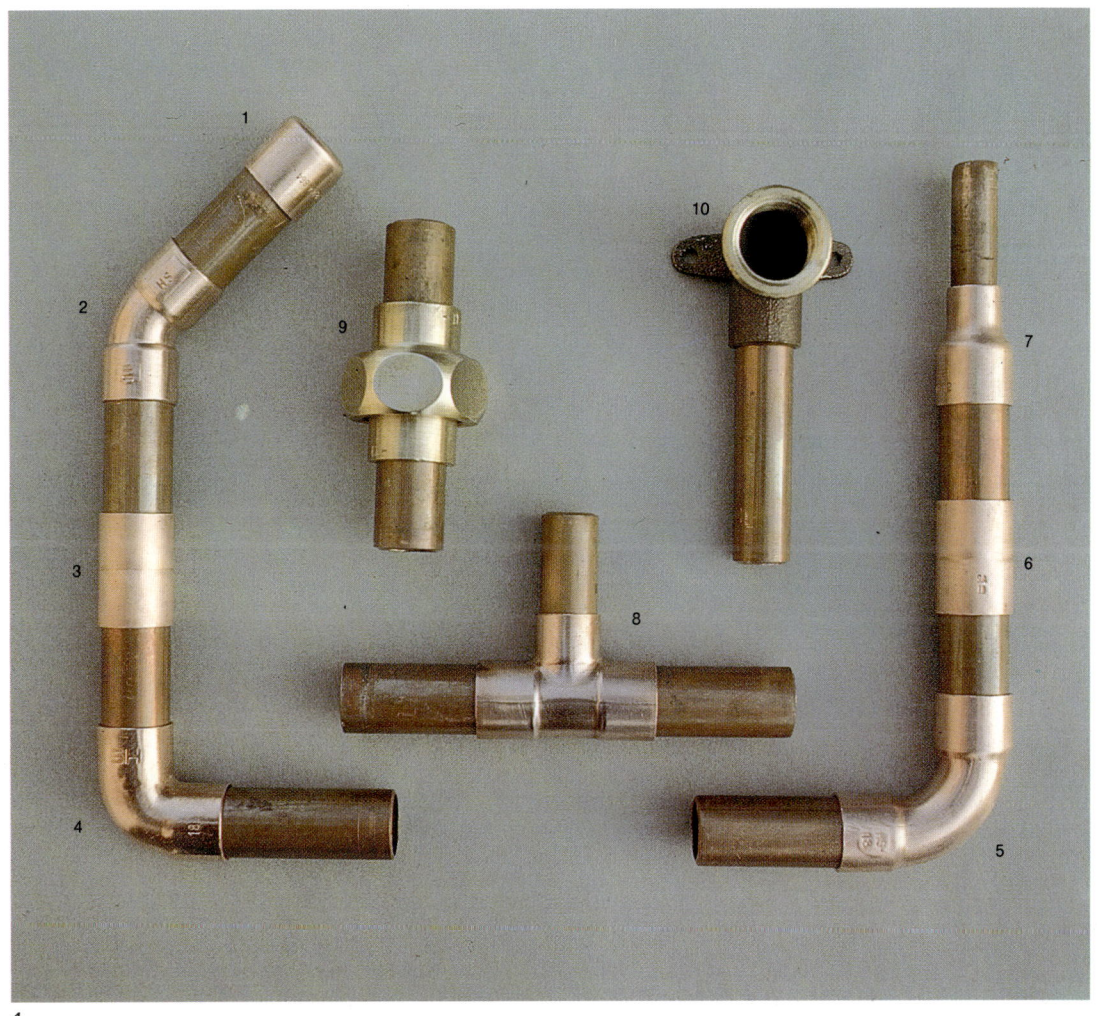

Abmessung (Außendurchmesser x Wanddicke)	Inhalt in Litern pro m Rohrlänge	Rohrlänge für 1 l Inhalt
6 x 1 mm	0,013	79,58
8 x 1 mm	0,028	35,37
10 x 1 mm	0,050	19,89
12 x 1 mm	0,079	12,73
15 x 1 mm	0,133	7,53
18 x 1 mm	0,201	5,00
22 x 1 mm	0,314	3,18
28 x 1,5 mm	0,491	2,04

5

6

3 Fabrikneues Kupferrohr ist fast blank. Kupfer bekommt mit der Zeit eine Patina, eine natürliche Schutzschicht. Nur bei unsachgemäßer Lagerung oder bei Einwirkung von aggressiven Substanzen kann sich Grünspan bilden, eine sehr giftige Verbindung.

Sicherheitstip
Solche Stellen sollten abgeschnitten werden, auf keinen Fall aber für trinkwasserführende Leitungen verwendet werden. Zudem ist Vorsicht angebracht, Hände sollten nach einem Kontakt gründlich gereinigt werden.

4 Zur Verbindung von Kupferrohren gibt es eine Vielzahl von Kupferrohrfittings, von denen hier nur einige abgebildet sind: 1. Kappe, 2. Bogen 45 °, 3. Muffe, 4. Winkel, 5. Bogen, 6. Muffe, 7. Reduktionsstück, 8. T-Stück, 9. Verschraubung, 10. Wandscheibe für Anschluß von Auslaufventilen.

5 Die Rohrabmessungen werden durch den Außendurchmesser und die Wanddicke angegeben. Kupferrohr 18 x 1 hat also einen Außendurchmesser von 18 mm, eine Wandstärke von 1 mm und

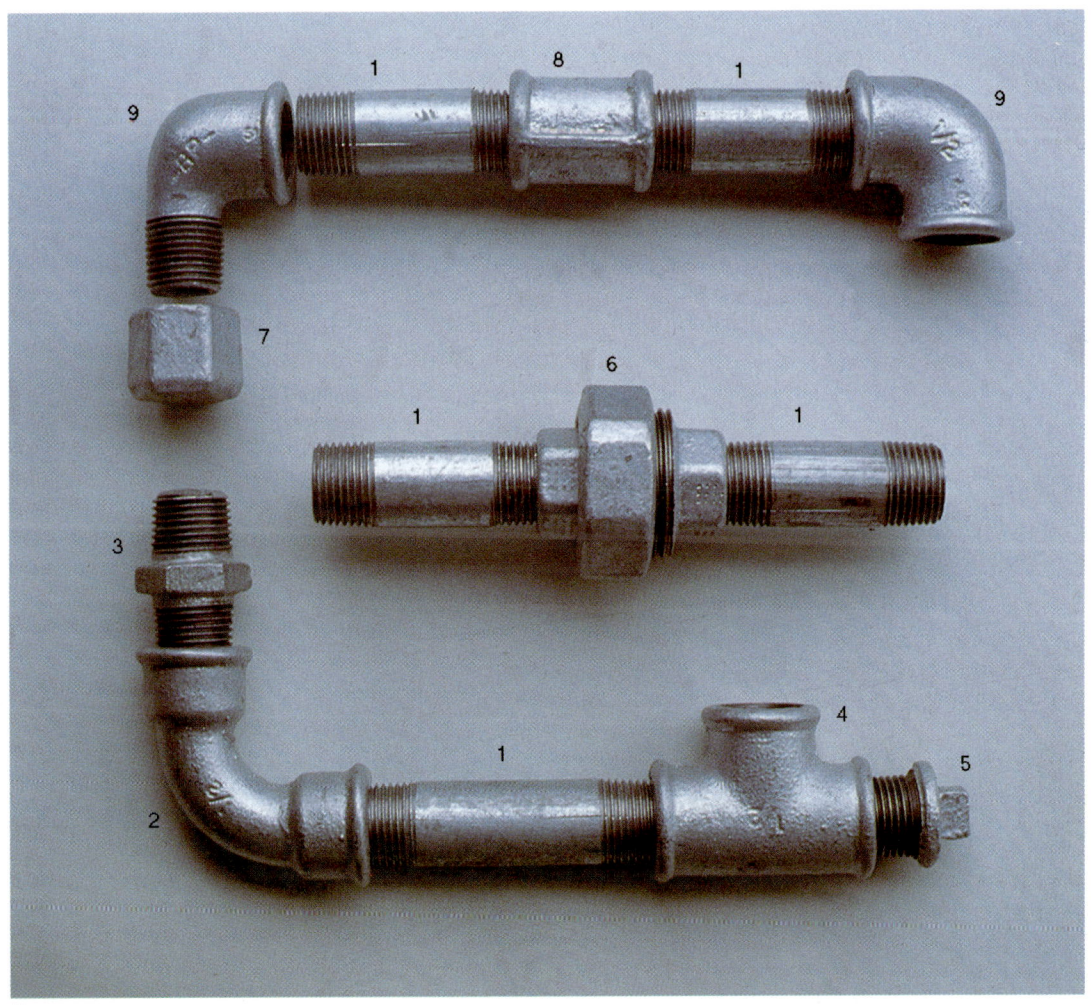

daher eine Nennweite (Innendurchmesser) von 16 mm.

Stahlrohre

Ältere Heizungsanlagen sind meist ausschließlich mit Stahlrohren hergestellt worden. Die Rohrverbindungen erfolgten durch Schweiß- oder Gewindeverbindungen, die meist mit dem Gewindeschneider hergestellt werden mußten. Heute lassen sich einfachere Arbeiten mit Stahlrohr durch fertige Rohre unterschiedlicher Länge mit bereits fabrikmäßig vorgefertigtem Gewinde herstellen. Dazu gibt es eine große Auswahl von verschiedenen Fittings.

Nennweite		Außen-durch-messer	Innen-durch-messer
Zoll	mm	mm	mm
3/8	10	17,2	12,5
1/2	15	21,3	16,0
3/4	20	26,9	21,6
1	25	33,7	27,2
1 1/4	32	42,4	35,9
1 1/2	40	48,3	41,8
2	50	60,3	53,0

8

6 Verzinkte Stahlrohre werden überall dort eingesetzt, wo ein besonderer Korrosionsschutz erforderlich ist, z.B. bei Trinkwasserleitungen. Dagegen werden schwarze Stahlrohre vor allem dort eingesetzt, wo kein besonderer Korrosionsschutz erforderlich ist, z.B. bei geschlossenen Wasserkreisläufen im Heizungsbau.

7 Für Rohrverbindungen steht eine Vielzahl von Fittings zur Verfügung: 1. Rohrnippel, 2. Bogen, 3. Sechskantnippel, 4. T-Stück, 5. Stopfen, 6. Verschraubung, 7. Kappe, 8. Muffe, 9. Winkel.

8 Die Rohrabmessungen werden bei Stahlrohren in Zoll angegeben, wobei 1 Zoll (geschrieben 1") für 2,54 cm steht. Für häufig verwendete mittelschwere Stahlrohre finden sich die nicht leicht verständlichen Abmessungen in der Tabelle oben.

Kunststoffrohre

Durch moderne Fertigungsverfahren ist es gelungen, Kunststoffrohre herzustellen, die heute in weiten Bereichen des Heizungsbaus eingesetzt werden können. Man sieht es allerdings dem Kunststoffrohr nicht auf den ersten Blick an, wofür es geeignet ist. Denn es gibt spezielle Rohre für niedrige Temperaturen wie Fußbodenheizungen, aber auch Rohre für höhere Temperaturen wie in der Warmwasserinstallation. Bevor man Kunststoffrohre verarbeitet, muß man sich über den genauen Einsatzbereich klar sein. Kunststoffrohre sind flexibel und werden in Rollen geliefert. Es lassen sich damit größere Strecken an einem Stück verlegen, aufwendige Rohrverbindungen erübrigen sich.

9 Kunststoffrohre werden häufig im sogenannten Leerrohrsystem eingesetzt, d.h. sie werden ähnlich wie bei Elektroinstallationen in einem stabilen Rohr verlegt und können so später jederzeit wieder ausgetauscht werden.

Im Heizungsbau werden Kunststoffrohre vor allem eingesetzt als Fußbodenheizungsrohre und als Verbindungsleitungen zwischen den Stockwerksverteilern und den einzelnen Heizkörpern. Rohrverbindungen dieser Art erfolgen durch einfache Verschraubungen.

Die Abmessung von Kunststoffrohren für Heizung und Wasserinstallation erfolgt häufig mit Angabe des Außendurchmessers und der Wandstärke, beispielsweise 16 x 2,0 mm.

10 Mit den Kunststoffrohrfittings lassen sich die meisten Arbeiten bewältigen. Zur Verarbeitung sind keine besonderen Kenntnisse oder spezielle Fertigkeiten notwendig.

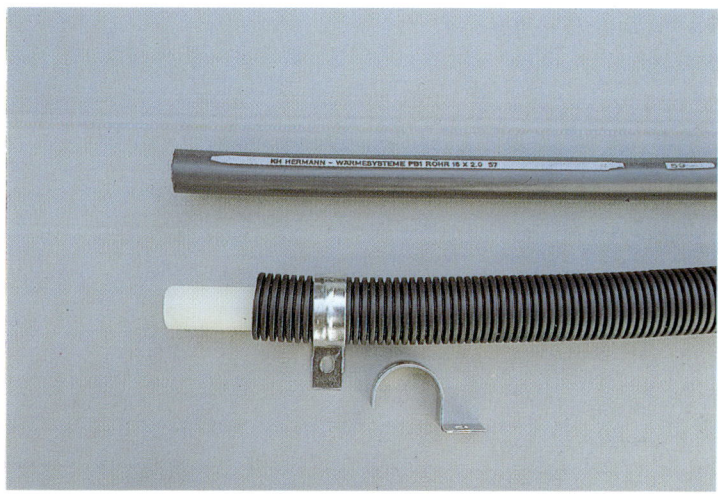
9

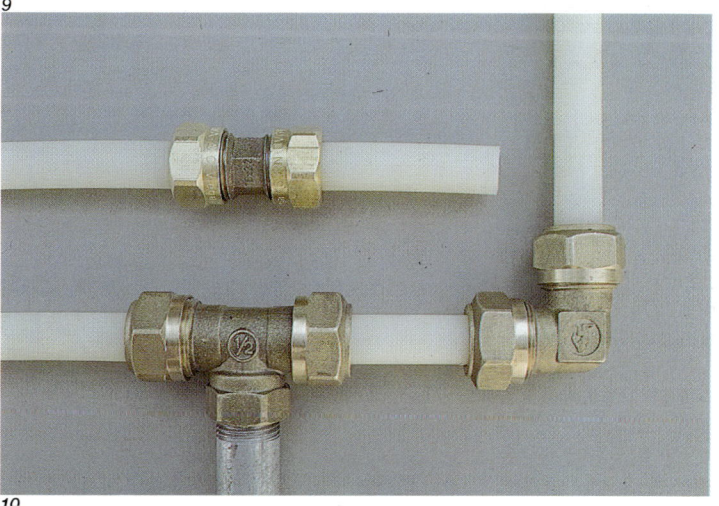
10

Die wichtigsten Werkzeuge

Auf diesen beiden Seiten finden Sie Kurzbeschrei-
bungen der wichtigsten Werkzeuge, die Sie benötigen, um selbst energiesparende Heizungen einzubauen. Welche Werkzeuge Sie für einzelne Arbeits-
gänge und -anleitungen brauchen, ersehen Sie aus
den Abbildungen unter der Rubrik »Werkzeuge«,
die Sie bei allen Arbeitsanleitungen finden.

5

6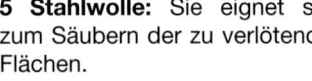

5 Stahlwolle: Sie eignet sich
zum Säubern der zu verlötenden
Flächen.
6 Fittingslot: In Rollen, speziell
zur Verlötung von Fittings erhältlich.

Werkzeuge für Heizungs- und Rohrmontage

1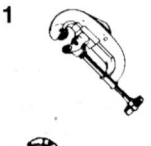

1 Rohrabschneider: Sie benötigen ihn zum sauberen und recht-
winkeligen Trennen von Kupferrohren. Wählen Sie einen mit ein-
gebautem Entgratungsmesser.
2 Rohrzange: Dieses Werkzeug
ist nur zur Verarbeitung von
Stahlrohren erforderlich.
3 Verstellbarer Gabelschlüssel:
Zum beschädigungsarmen Grei-
fen und Festziehen von Verschraubungen. Er ist für eine
Vielzahl von Verschraubungs-
größen geeignet.

2

3

Werkzeuge zum Löten

4

4 Lötbrenner: Er ist in einfachen
und größeren Ausführungen, häufig mit Propan oder einem Pro-
pan-Butan-Gemisch erhältlich.

Werkzeuge für Stemm- und Durchbruch-arbeiten

7

7 Kompressor: Für Durchbrüche
durch Beton, z.B. Betondecken,
ist ein Kompressor oder Meißel-
hammer hilfreich.
8 Bohrhammer: Ist zur Herstellung von Rohrdurchführun-
gen unentbehrlich. Mit einem
entsprechend starken Bohrer
können aufwendige Stemmarbeiten, aber auch das anschlie-
ßende mühsame Verschließen
der Öffnungen vermieden werden.
9 Fäustel: Verwenden Sie ihn für
einfachere Stemmarbeiten von
Hand.
10 Meißel: Er ist für einfachere
Arbeiten von Hand nützlich. Verwenden Sie am besten einen mit
Gummiring, der als Verletzungs-
schutz dient.

8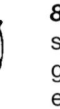

9

10

Universalwerkzeuge

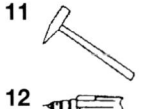

11 Hammer: Ein Universalwerkzeug, das in jedem Haushalt vorhanden sein sollte.

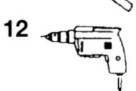

12 Schlagbohrmaschine: Sie benötigen sie vorwiegend zum Dübeln der Rohrschellen.

13 Bügelsäge: Sie sollte mit feinzahnigem Metallsägeblatt ausgestattet sein; ideal zur Ablängung von Metall- oder Kunststoffrohren.

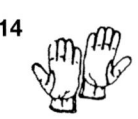

14 Arbeitshandschuhe: Sie dienen z.B. als Schutz vor heißen Lottropfen an schwierigen Arbeitsstellen.

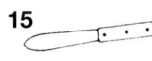

15 Messer: Sie brauchen es zum Entgraten von Kunststoffrohren.

16 Lappen: Mehrere und verschiedene, z.B. zum Abwischen des Flußmittels.

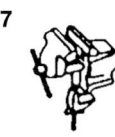

17 Schraubstock: Er ist zum Einspannen und zur Verschraubung von Stahlrohren geeignet; für die Bearbeitung von Kupfer- und Kunststoffrohren ist er nicht unbedingt erforderlich.

18 Feile: Sie ist wichtig zum Entfernen des Außengrats bei Rohrablängungen mit der Säge.

19 Zollstock: Sie brauchen ihn zum Ausmessen der Rohrstücke.

20 Wasserwaage: Zum Ausrichten des Kessels oder Speichers und für die Rohrmontage sehr hilfreich.

21 Schraubenzieher: Sie benötigen ihn zur Befestigung der Rohrschellen.

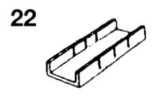

22 Gehrungslade: Sie ist hilfreich, um das Dämmaterial für die Rohrleitungen paßgenau zuzuschneiden.

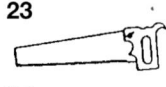

23 Holzsäge: Zum Zuschneiden der Verkleidungen bei der Heizleistenmontage.

24 Beißzange: Geeignet zum Ziehen von Nägeln; ein vielseitiges Halte-, Greif- und Spannwerkzeug.

Werkzeuge für Wartungsarbeiten

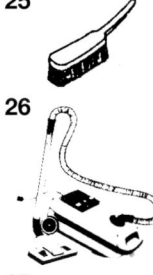

25 Reinigungsbesen: Er ist zur Reinigung des Brennerraums und des Rauchabzugs sehr nützlich. Größe und Form sollten auf das jeweilige Fabrikat abgestimmt sein.

26 Staubsauger: Er ist zur Absaugung von Rußablagerungen in kompliziert aufgebauten Brennerräumen oft sehr hilfreich.

27 Kleiner Pinsel: Er ist zur Reinigung der Stauscheibe am Brenner geeignet.

Rohre einspannen

1

2

Bei der Heizungsinstallation mit Selbstbausätzen, die mit Kupfer- und Kunststoffrohren arbeiten, ist das Einspannen von Rohren in der Regel nicht erforderlich. Doch kann es zu bestimmten Zwecken sinnvoll sein. Zum Einspannen kommen für den Heimwerker vor allem zwei Methoden in Frage.

1 Die Rohre werden einfach in einen Schraubstock einge- spannt. Das kann bei Kupferroh- ren jedoch zu Verformungen führen; für Weichkupferrohre ist diese Methode völlig ungeeignet. Das Einspannen in den Schraub- stock wird daher vor allem bei Stahlrohren angewandt.

2 Um Verformungen bei Kupferr- rohren zu vermeiden, werden Rohrspannbacken an einem Schraubstock befestigt. Dadurch werden Rohrstücke an vier Punk- ten festgehalten und Verformun- gen weit besser vermieden. Die- se Methode ist vor allem für Heimwerker geeignet, die nicht häufig mit Rohren arbeiten.

Der **Rohrschraubstock** eignet sich nur für den Profiheimwerker, der häufig Rohre bearbeitet.

Kupferrohre trennen, biegen, kalibrieren

Kupferrohre trennen

Man kann Kupferrohre mit einer einfachen Metallsäge trennen. Das Rohr muß dabei in einen Schraubstock eingespannt werden, am besten mit Hilfe von Rohrspannbacken.

1–2 Weitaus einfacher ist das Trennen von Kupferrohren mit einem Rohrabschneider. Er besteht aus einem Schneiderädchen, das das Kupferrohr trennt, und einem Entgrater, der den dabei entstehenden Innengrat entfernt. Setzen Sie den Rohrabschneider an der angerissenen Stelle an. Drehen Sie an der Spindel, bis das Schneiderädchen etwas ins Kupferrohr eingedrungen ist. Drehen Sie den Rohrabschneider um das Kupferrohr. Stellen Sie das Schneiderädchen nach, so daß es etwas weiter ins Kupferrohr eindringt. Zum Trennen eines Rohrs sind je nach Rohrstärke etwa 5 bis 7 Umdrehungen mit jeweiliger Nachstellung nötig. Ein Trennen mit weniger Umdrehungen kann bei harten Kupferrohren zur Beschädigung des Schneiderädchens oder bei weichen Kupferrohren leicht zur Verformung des Rohrs führen.

2

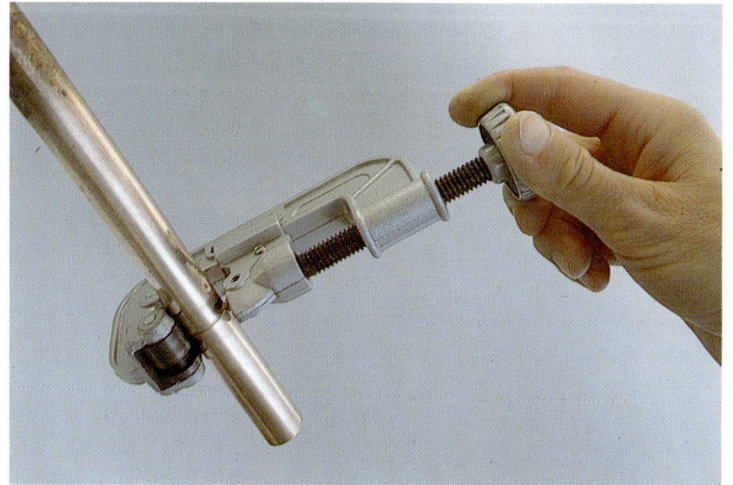

3

1

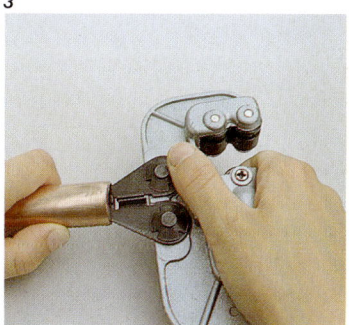

4

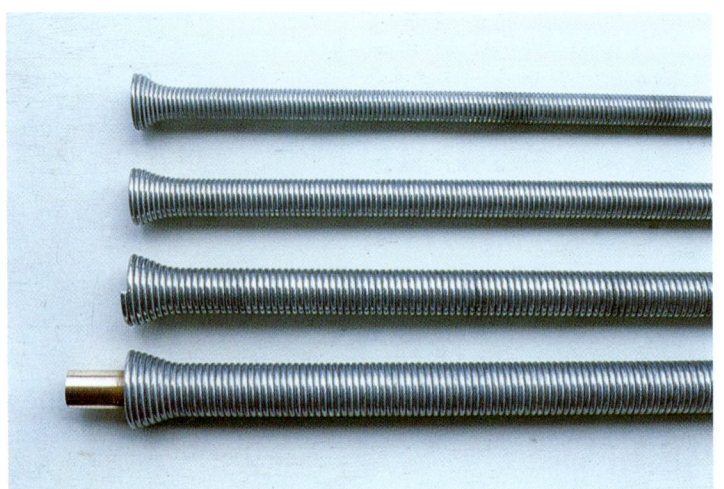

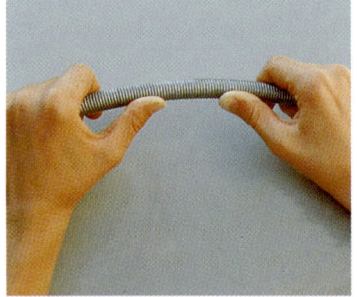

6

5

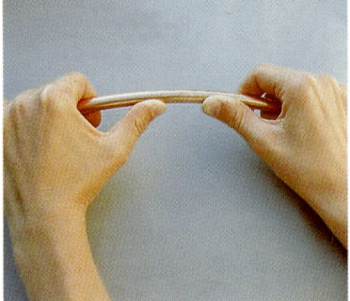

7

3 Beim Trennen mit dem Rohrabschneider entsteht ein Innengrat, beim Trennen mit der Metallsäge zusätzlich ein Außengrat.

Sicherheitstip
Diese Grate müssen entfernt werden, weil man sich verletzen kann; außerdem verkleinern sie den Rohrquerschnitt und behindern so den Wasserdurchfluß.

4 Bei Rohrschneidern ist ein Entgrater meist integriert. Außengrate werden mit einer Feile entfernt.

Kupferrohre biegen
Richtungsänderungen im Rohrverlauf erreichen Sie durch Verlöten von Fittings oder durch das Biegen von Rohren. Letzteres ist in vielen Fällen einfacher und arbeitssparender. Für den Heimwerker kommt vor allem das Biegen weicher Kupferrohre in Frage. Hartkupferrohre müssen mit Biegegeräten, zum Teil nach dem Weichglühen der Biegestelle, gebogen werden.

5–6 Für kleinere Rohrstärken sind Biegespiralen ein nützliches

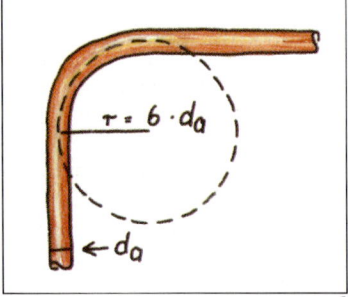

$r = 6 \cdot d_a$

$\leftarrow d_a$

8

Hilfsmittel. Damit lassen sich gute Arbeitsergebnisse erzielen. Die Gefahr, daß das Rohr knickt, ist gering.

7 Das Biegen mit Hand erfordert Gefühl. Grundsätzlich sollte der Bogen langsam geformt werden, ein mehrmaliges Ausbessern oder Zurückbiegen kann das Rohr an dieser Stelle spröde machen, so daß es bricht.

8 Der Biegeradius beim Rohrbiegen von Hand darf nicht beliebig verkleinert werden. Er darf nicht kleiner werden als der sechsfache Außendurchmesser eines Rohrs. Das ergibt für ein Rohr 15 x 1 mm, daß der Biegeradius nicht kleiner als 90 mm werden darf. Bei kleineren Biegeradien kann das Rohr knicken.

Kupferrohre kalibrieren

Rohrenden von weichen Kupferrohren, d.h. von Kupferrohren von der Rolle, müssen nach dem Trennen und Entgraten kalibriert, d.h. maßhaltig wiederhergestellt werden, da das Rohr ja leicht gebogen ist. Erst nach dem Kalibriervorgang kann es verlötet werden, da erst dann der Lötspalt überall gleichmäßig stark ist.

Für die einzelnen Rohrdurchmesser gibt es den jeweils passenden Kalibriersatz. Er besteht aus dem **Kalibrierring**, der den Außendurchmesser des Rohrs maßhaltig machen soll, sowie dem **Kalibrierdorn**, der für den Innendurchmesser zuständig ist. Zum Eintreiben des Dorns bzw. zum Auftreiben des Rings wird ein Holz- oder Gummihammer verwendet.

9 Treiben Sie mit dem Holz- oder Gummihammer den Dorn in das Rohrende. Entfernen Sie den Dorn.

10 Treiben Sie den Kalibrierring auf das Rohrende.

11 Erst so können die beiden Rohrenden verlötet werden.

Profitip

Beim Verlegen von Weichkupferrohren kann es trotz aller Vorsicht passieren, daß das Rohr knickt. Das Rohr wird an der geknickten Stelle getrennt, kalibriert und anschließend verlötet. Auch bei nicht völlig geknickten Rohren muß man so vorgehen, um Querschnittsverengungen zu vermeiden.

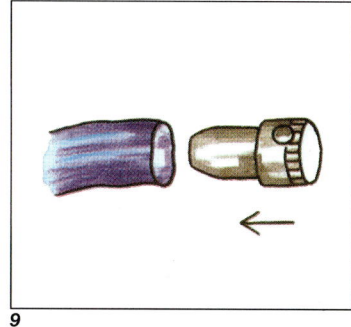
9

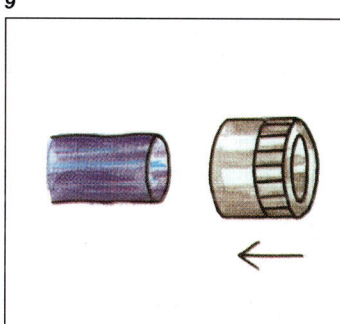
10

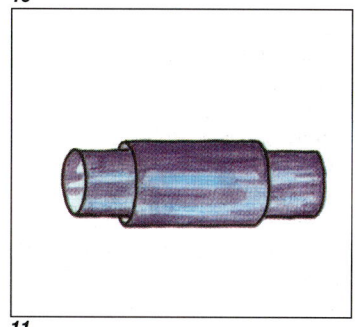
11

Kupferrohre verschrauben und verlöten

Schneidringverschraubung
1 Sehr einfache Verbindungen für Kupferrohre sind Schneidringverschraubungen. Sie gelten allerdings als nicht so sicher und dauerhaft, so daß man bei der Heizungsinstallation die Lötverbindung bevorzugen sollte.

Löten
Durch Löten werden Metallteile mit Hilfe von geschmolzenem Metall dauerhaft luft- und wasserdicht miteinander verbunden. Die zu verlötenden Metallteile werden nur erhitzt, bleiben dabei aber fest. Als Verbindungsmittel werden unterschiedliche Legierungen verwendet, d.h. Mischungen verschiedener Metalle. Solche Metallmischungen haben nämlich andere Eigenschaften als die einzelnen Grundmetalle. Diese Legierungen schmelzen bereits bei niedrigeren Temperaturen als das zu verlötende Metall.

Grundsätzlich unterscheidet man zwischen Weich- und Hartlöten. Beim Weichlöten liegt die Arbeitstemperatur unter 450 Grad Celcius, beim Hartlöten über 450 Grad Celsius. Unter Arbeitstemperatur versteht man die Temperatur, bei der das verwendete Lot schmilzt und die zu verlötenden Teile verbindet. Hartlöten ist im Installationsbereich nur in drei Fällen zwingend vorgeschrieben: Bei Gasinstallationen, bei Heißwasserinstallationen mit einer Vorlauftemperatur über 110 Grad Celsius und bei Heizölleitungen. Eine Heizungsinstallation mit Selbstbausätzen ist so ausgelegt, daß Weichlöten genügt. Daher ist der Arbeitsablauf mit einfacheren Geräten durchführbar. Im folgenden wird deshalb nur auf das Weichlöten eingegangen.

1

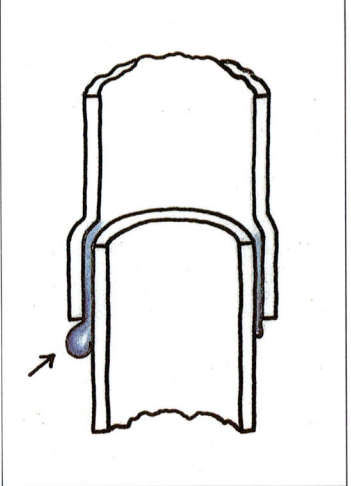

2

2 Kupferrohre werden mit sogenannten Kapillarlötfittings verbunden. Diese Fittings werden so maßhaltig hergestellt, daß der Lötspalt zwischen Rohr und Fitting je nach Fittinggröße nur 0,02 mm bis maximal 0,3 mm beträgt. Dieser enge Spalt wird als Kapillarspalt bezeichnet. Würde man ein Rohr mit aufgestecktem Fitting in Wasser tauchen, so würde das Wasser entgegen der Schwerkraft nach oben in den Spalt gezogen. Ist der Spalt zu breit, findet diese Erscheinung nicht statt. Genauso wird beim Löten das geschmolzene Lot in den Spalt eingesogen.

Lote sind Mischungen verschiedener Metalle und haben einen unterschiedlichen Schmelzbereich. Für Weichlötverbindungen werden nur Lote verwendet, die nach DIN 1707 hergestellt sind. Die Kurzbezeichnungen für die einzelnen Lote sind auf den ersten Blick verwirrend, so daß sie im folgenden kurz erklärt werden. L-SnAg5 bedeutet, daß es sich um ein Lot (= L) handelt, das aus Zinn (– Sn) und Silber (– Ag) besteht. Die Zahl der jeweiligen Abkürzung des Metalls gibt den ungefähren Anteil in Prozent an.

In diesem Fall enthält das Lot also etwa 5 Prozent Silber, der Rest besteht aus Zinn. Im folgenden werden einige Metalle angeführt (in Klammern jeweils die lateinischen Bezeichnungen): **Ag** Silber (**Ar**gentum), **Cu** Kupfer (**Cu**prum), **Sb** Antimon (**Sti**bium), **Sn** Zinn (**Stan**num), **P** Phosphor, **Pb** Blei (**Pl**um**b**um), **Cd** Cadmium, **Al** Aluminium, **Zn** Zink, **Ni** Nickel. Zur Trinkwasserinstallation sind nur bestimmte Lote zugelassen. Sie dürfen kein Blei enthalten.

Kupferoberflächen sind normalerweise mit einer feinen Oxidschicht überzogen, die das Material vor Korrosion schützt. Diese Schicht verhindert aber zugleich, daß das Lot beide Oberflächen benetzen und damit verbinden kann. Deshalb müssen die Oberflächen vor dem Löten metallisch blank gemacht werden. Damit aber in der Zeit zwischen der Herstellung einer blanken Oberfläche und dem Lötzeitpunkt diese oxidfreie Fläche erhalten bleibt, wird auf die zu verlötenden Flächen **Flußmittel,** z.B. Lötwasser, aufgetragen. Nach DIN 8511 sind für Weichlote folgende Flußmittel zulässig: F-SW 21, F-SW 22, F-SW 25. Auch

3

4

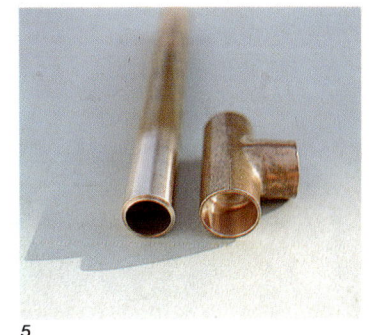

5

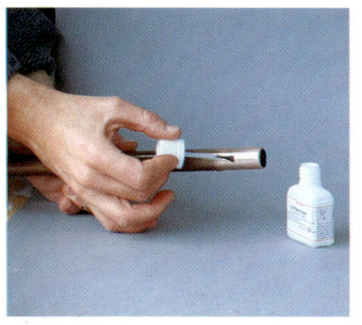

6

9

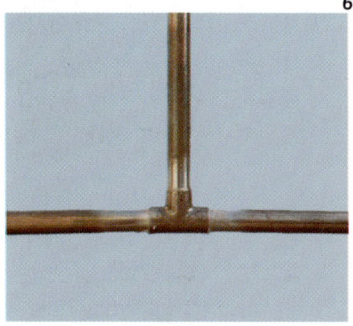

7

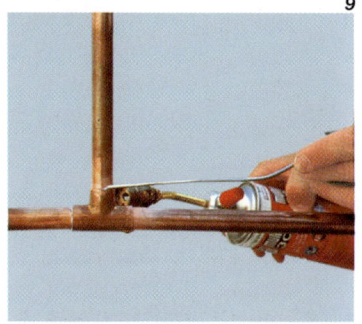

10

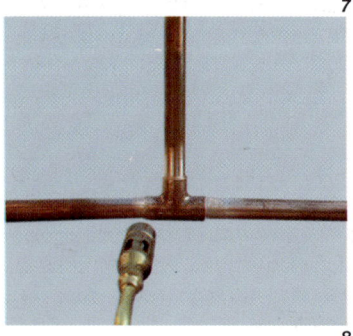

8

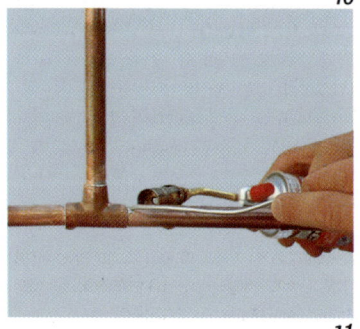

11

hier eine kurze Erklärung der Abkürzungen. **F-SW** bedeutet **F**luß-mittel-**S**chwermetall-**W**eichlöten. Für Trinkwasserinstallationen dürfen nur speziell für diesen Zweck zugelassene Flußmittel verwendet werden.

Profitip
Flußmittel-Lot-Gemische (Lotpasten) werden wie Flußmittel eingesetzt und ermöglichen ein genaues Erkennen der Arbeitstemperatur durch silbrig-glänzende Lotschmelze.

Zum Weichlöten genügen einfache **Lötgeräte** wie Propan-Luft-Brenner mit einer geeigneten Düse oder ähnliche Produkte.

Technik des Lötens
Weiches Kupferrohr, d.h. Kupferrohr auf Rollen, muß vor dem Löten kalibriert werden.

3–4 Machen Sie diejenigen Stellen, die vom Lot benetzt werden sollen, **metallisch blank**. Die Lötstellen müssen also frei sein von Schmutz, Fetten, Ölen oder Lacken. Nehmen Sie dazu Stahlwolle oder auf den Rohrdurchmesser abgestimmte Außen- und Innenbürsten.

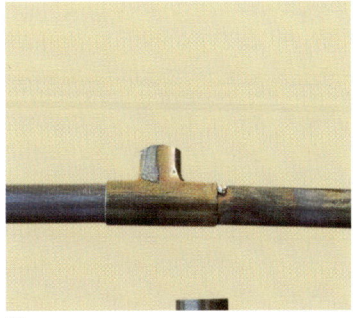

12

13

14

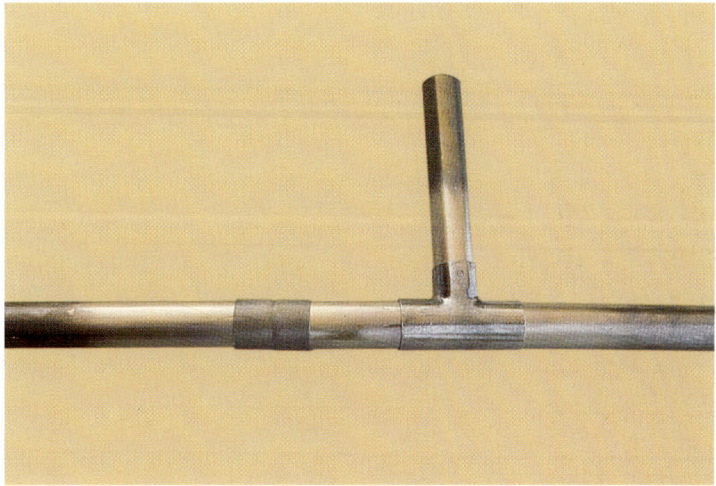

15

5 Das Rohrende ist jetzt also außen, das Fitting innen blank.

6 Bestreichen Sie mit einem Pinsel gleichmäßig deckend **nur das Rohrende** mit Flußmittel, und zwar weiter, wie es später vom Fitting bedeckt wird. Entfernen Sie alle Dichtungen, z.B. bei Verschraubungen, die durch das Erhitzen beschädigt werden könnten.

7 Stecken Sie die Rohrteile mit den Fittings zusammen, und zwar bis zum Anschlag.

Sicherheitstip
Decken Sie alle brennbaren und hitzeempfindlichen Teile ab. Statt asbesthaltiger Materialien empfehlen sich Platten aus Kunststein, Hartholz oder Ziegel.

8 Erwärmen Sie mit weicher Flamme die zu verlötenden Teile gleichmäßig. Wenn das Flußmittel leichte Rauchwölkchen von sich gibt, ist das ein Zeichen, daß die Arbeitstemperatur beinahe erreicht ist.

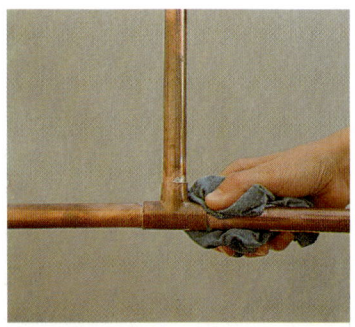

16

17

18

9 Halten Sie den Lötdraht an den Lötspalt, nie in die Flamme. Beginnt das Lot zu schmelzen, wird es in den Spalt eingesogen. Der Lötvorgang ist beendet, wenn ein Lötring sichtbar wird.

10–11 Sind mehrere Lötverbindungen an einer Stelle nötig, erwärmen Sie den gesamten Lötbereich und geben nach Bedarf der jeweiligen Lötstelle gezielte Wärme zu.

Lötfehler
Ist die Temperatur des Rohrendes bzw. des Fittings zu niedrig, erfolgt keine ausreichende Schmelze des Lots.
Eine zu hohe Erhitzung führt zum Verbrennen des Flußmittels. Das Lot benetzt dann nicht und tropft bloß ab.
Auch wenn Rohrende und Fitting nicht blank genug sind oder das Flußmittel nicht sorgfältig genug aufgetragen wurde, gibt es keine einwandfreie Rohrverbindung.
Wurde weiches Rohr nicht kalibriert, paßt es nicht in das Fitting. Wird mit Gewalt versucht, das Rohrende in das Fitting zu schieben, entsteht kein Kapillarlötspalt, die Verbindung ist dann unvollständig.

Kommt es aufgrund eines Lötfehlers zu keiner Rohrverbindung, muß ausgebessert werden.

12 Eine Lötstelle läßt sich durch ausreichend Wärmezugabe wieder lösen. Ein Teil des Lots tropft dabei ab.

13–14 In vielen Fällen kann man das Rohrende oder das Fitting reinigen und einen Teil wiederverwenden.
Sind bereits beide Teile benetzt, werden sie nicht mehr zusammenpassen. In diesem Fall muß ein neues Fitting verwendet und der Lötvorgang wie oben nochmals wiederholt werden.

15 Möglich und in vielen Fällen sinnvoll ist das Abtrennen des Rohrendes und eine Verlängerung mit einer Muffe.

16 Nach Beendigung des Lötvorgangs wird das Flußmittel mit einem Lappen abgewischt.

17 Korrosion am Kupferrohr, die auf nicht entfernte Flußmittelreste zurückzuführen ist.

18 Hier ist das fertig angelötete T-Stück abgebildet.

Stahlrohre bearbeiten und verbinden

Selbstbausätze für Heizungsanlagen haben für das Rohrleitungssystem keine Stahlrohre, da sie vergleichsweise schwierig zu bearbeiten sind. Trotzdem kann der Umgang mit Stahlrohren in Einzelfällen von Nutzen sein, z.B. bei Arbeiten an der Wasserleitung oder Kaltwasserzuführung, beim Austausch eines alten Kessels usw.

Stahlrohre werden mit einer Metallsäge oder einem speziellen Rohrabschneider getrennt. Um aber dann Gewindeverbindungen herstellen zu können, muß ein Gewindeschneider eingesetzt werden. Einfacher und in der Regel ausreichend ist daher die Verwendung von Rohren und Rohrstücken, die im Handel mit fertigen Gewinden in den unterschiedlichsten Längen angeboten werden.

1 Stahlrohre für Gewindeverbindungen besitzen ein konisches Außengewinde (leicht spitz zulaufend), die dazugehörigen Fittings ein zylindrisches Innengewinde (parallel laufend).

Das Spitzgewinde heißt Whitworthgewinde und ergibt beim

Zusammenschrauben mit etwas Hanf oder Dichtungsband eine dichte Verbindung (hier zur Verdeutlichung ohne Hanf).

2 Das Außengewinde wird mit einem alten Sägeblatt oder einer Feile aufgerauht, damit Dichtungsband oder auch Hanf besser halten.

3 Bei der Abdichtung mit Dichtungsband wird das Gewinde vom Rohranfang zum Rohrende hin stramm umwickelt, so daß überall etwa 2 bis 3 Lagen Dichtungsband sind. Bei der Abdichtung mit Dichtungsband sollte die Endstellung des Rohrs bzw. Fittings nicht mehr verändert bzw. rückgängig gemacht werden, da es dann zu Undichtigkeiten kommen kann.

2

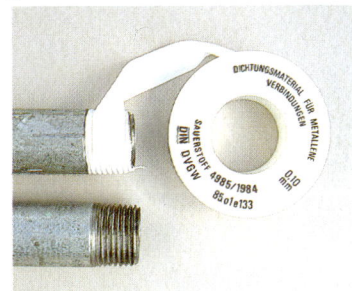

3

1

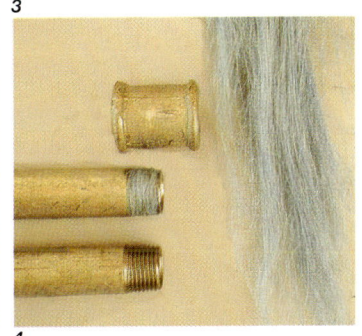

4

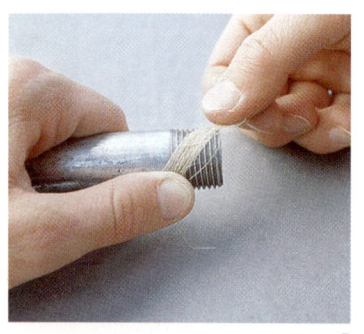

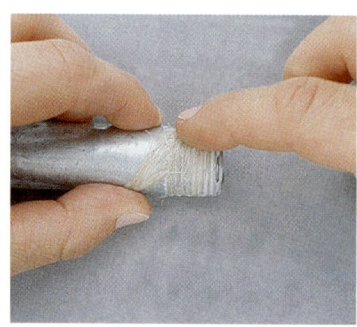

5

8

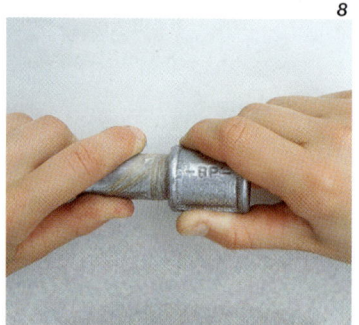

6

9

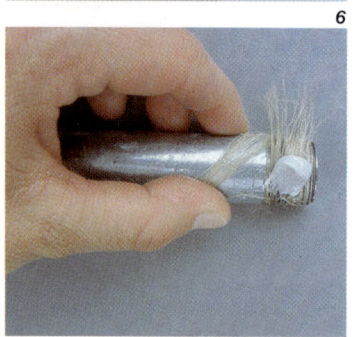

7

10

4 Häufig wird daher zur Dichtung Hanf eingesetzt.

5 Aus dem Hanfzopf wird eine dünne Strähne abgezogen und am Gewinde angesetzt.

6–7 Wickeln Sie den Hanf straff vom Gewindeanfang zum Gewindeende, und zwar rechtsherum in der auf der Abbildung angegebenen Weise, damit sich der Hanf beim Zusammenschrauben nicht herausschiebt. Auf den Hanf wird geeignetes Hanffett aufgebracht.

8–9 Das Hanffett wird mit dem Finger verteilt, und das Fitting mit der Hand aufgedreht.

10 Spannen Sie das Rohr nun in den Schraubstock, setzen Sie die Rohrzange an und drehen Sie das Fitting kräftig auf. Arbeiten Sie an einem Rohrsystem, müssen Sie mit einer zweiten Zange gegenhalten.

Profitip
Achten Sie darauf, daß die Zähne der Rohrzange immer in Drehrichtung zeigen, da nur so ein fester Griff gewährleistet ist.

Kunststoffrohre bearbeiten und verbinden

Die Bearbeitung und Verbindung von Kunststoffrohren ist wesentlich einfacher als die von Kupfer- und Stahlrohren. Da auch die Kunststoffprodukte für immer mehr Einsatzbereiche geeignet sind, können sie auf vielen Gebieten Kupfer- und Stahlrohre bereits verdrängen. Ein großer Vorteil der Kunststoffrohre ist, daß sie über längere Strecken in einem Stück verlegt werden können. Aufwendige Arbeiten zur Rohrverbindung werden dadurch überflüssig. Häufig werden Kunststoffrohre mit Stahl und Kupfer kombiniert.

Trennen
1 Kunststoffrohre trennen Sie mit einer feinzahnigen scharfen Säge. Für manche Kunststoffrohre wird auch eine Kunststoffrohrschere angeboten, die einen exakt rechtwinkligen Schnitt garantiert. Auch mit einem scharfen Messer können Sie die meisten Kunststoffrohre schneiden.

Entgraten
2 Lose Teile entfernen Sie mit einem scharfen Messer.

Verbindungen
3 Kunststoffrohre verbinden Sie mit den dafür geeigneten Form-

stücken. Diese Formstücke sind auf das jeweilige Kunststoffrohr zugeschnitten und können nicht für jedes beliebige Rohr ähnlicher Stärke eingesetzt werden.
Denn Kunststoffrohre bestehen aus verschiedenen Materialien, werden für unterschiedliche Temperaturen und Druckanforderungen hergestellt und besitzen somit unterschiedliche Wandstärken. Je nach Hersteller und Einsatzgebiet gibt es daher Rohrverschraubungen mit unterschiedlichem Aufbau.

Wenn Sie Kupplungsstücke verwenden und den zweiten Anschluß herstellen, müssen Sie die erste Verbindung mit einem Schlüssel oder einer Zange festhalten, damit sie nicht beschädigt wird.

Formstücke, die für einzelne Kunststoffrohrverbindungen verwendet werden, sind auf Seite 41 zu finden.

Ein typischer Einsatzbereich für Kunststoffrohre sind Fußbodenheizungen. Der Anschluß am Verteiler bleibt sichtbar, die Verschraubung kann bei Bedarf nachgezogen werden.

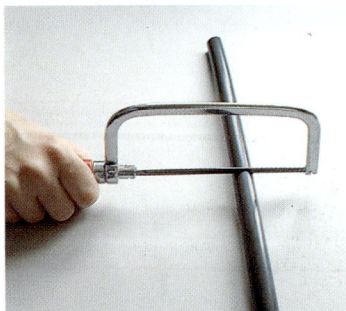

1

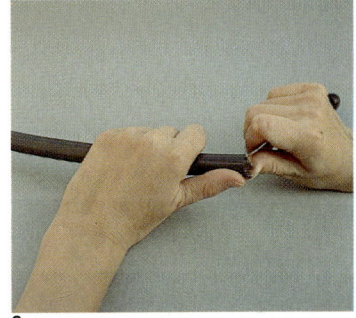

2

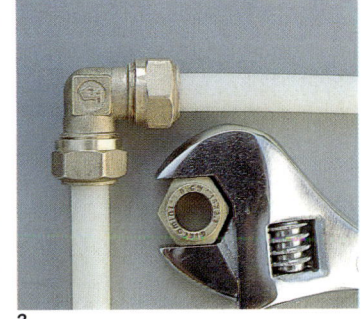

3

Rohre aus verschiedenen Materialien verbinden

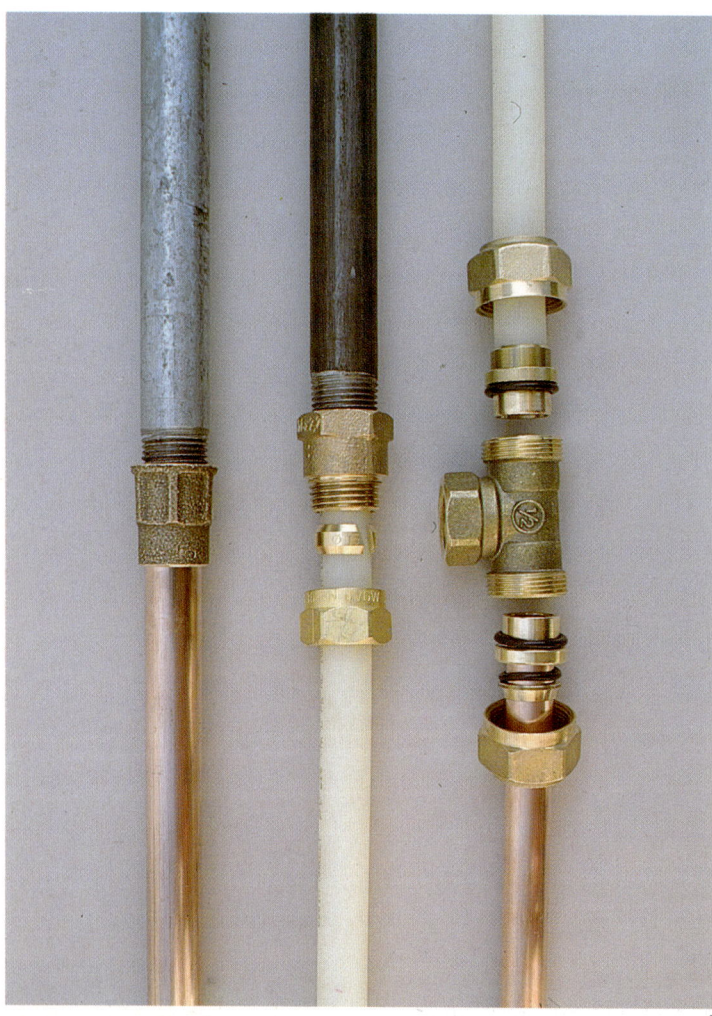

1 Zur Verbindung von Rohrstücken aus zwei verschiedenen Materialien gibt es eine Vielzahl von Verbindungsstücken. Beim Einkauf müssen die Rohrabmessungen bekannt sein.

Stahl-Kupfer
Die Abbildung zeigt ein Verbindungsstück mit Innengewindeverschraubung.
Das Kupferrohr wird zuerst eingelötet, anschließend wird das Rohraußengewinde eingehanft und eingedreht.
Beim Einkauf müssen die Abmessungen des Kupfer- und des Stahlrohrs bekannt sein.

Stahl-Kunststoff
Da Kunststoffrohre aus verschiedenen Materialien bestehen können und unterschiedliche Wandstärken haben, muß das Verbindungsstück geeignet sein. Am besten werden daher die entsprechenden Produkte des Rohrherstellers oder -anbieters verwendet.

Kupfer-Kunststoff
Auch hier gilt, daß das Formstück auf das jeweilige Kunststoffrohr zugeschnitten sein muß.

1

Schlitze und Deckendurchbrüche herstellen und verschließen

Planung

Die mühsame Herstellung von Mauerschlitzen und Deckendurchbrüchen mit Hammer und Meißel oder entsprechenden Elektrowerkzeugen sollte zumindest bei Neubauten endgültig der Vergangenheit angehören. Denn durch gute Planung lassen sich Schlitze und Mauerdurchbrüche bereits beim Rohbau leicht berücksichtigen.

1 Schlitze werden entweder mit entsprechenden Steinformaten oder mit U-Schalen gemauert. Deckendurchbrüche kann man bei der Herstellung von Betondecken durch Einlegen eines Hartschaumblocks vermeiden.
Darüber hinaus sollten Sie sich bereits bei der Planung Gedanken darüber machen, wo eine sinnvolle Kombination der Heizungsrohre mit anderen Leitungen wie Warm-, Kaltwasserleitungen und Abwasserrohren möglich oder sinnvoll ist. Durch optimale Planung können Sie sich nicht nur eine Menge Arbeit, sondern auch einige tausend Mark an Kosten sparen.

Schlitze für wasserführende Rohre sollten nicht in Außenwände verlegt werden, da hier die Wärmeverluste wesentlich höher sind und bei wenig benutzten Rohren und Kaltwasserrohren außerdem Frostgefahr besteht.
Schlitzbreiten und -tiefen müssen so geplant werden, daß Befestigungsschellen, Rohrleitungen, Dämmaterial, gegebenenfalls noch der Putzträger Platz finden. Bei Rohren von 25 mm Außendurchmesser kommt man dabei schnell auf erforderliche Schlitztiefen von mindestens 12,5 cm.

Schlitze schlagen

Schlitze in Mauerwerk sollten überall dort vermieden werden, wo es möglich ist, denn das Mauerwerk wird dadurch geschwächt. Es gibt genaue Vorschriften über die zulässigen Schlitztiefen für tragende und nichttragende Wände, für vertikale und horizontale Schlitze. Nicht zulässig sind Schlitze z.B. in Schornsteinen.

Der Einsatz von Bohr- und Meißelhämmern kann vor allem bei altem Mauerwerk aufgrund der Erschütterungen gefährlich werden. Alle Schlitzverläufe und die zulässigen Tiefen sowie die Art der Herstellung sollten Sie mit einem Fachmann abklären.

1

2

3

4

Horizontale Leitungsführung

Eine horizontale Verlegung von Leitungen kann in vielen Fällen hinter speziellen Sockelleisten erfolgen, zum Teil auch unter Estrichen oder zwischen den Kanthölzern bei Dielenböden.

Schlitze verschließen

Kleinere Schlitze können einfach zugeputzt werden. Je glatter die Oberfläche der wärmedämmenden Rohrschalen, desto schlechter haftet der Mörtel. Gegebenenfalls muß das Zuputzen dann in mehreren Arbeitsgängen erfolgen.

Schächte

2 Sollen Rohre nachträglich eingezogen werden, z.B. bei der Sanierung von Altbauten, empfehlen sich in der Regel Rohrschächte, die mit unterschiedlichen Materialien platzsparend hergestellt werden können, so z.B. mit Porenbeton- oder speziellen Installationselementen.

Deckendurchbrüche

Deckendurchbrüche können mit einem Kompressor weitaus schneller hergestellt werden als mit Fäustel und Meißel. Vor Ar-beitsbeginn sollen Sie sich über den Deckenaufbau klar sein.

Rohrdurchführungen

Sollen Rohrleitungen durch Mauern geführt werden, können Sie sich aufwendige Stemmarbeiten sparen, indem Sie Bohrhämmer einsetzen, mit denen Sie mit speziellen Bohreinsätzen Durchführungen bis zu einigen Zentimetern Stärke herstellen können. Bei weicherem Mauerwerk wie bei Porenbeton oder manchen Ziegeln kann auch ein Bohrmaschinen-Fräsaufsatz zum Ziel führen.

3 Werden keine sehr hohen Dämmanforderungen gestellt, wie z.B. bei Schlitzen an Innenwänden von beheizten Räumen, können Sie die Schlitze mit geeignetem Wärmedämmörtel verschließen.

4 Breitere und tiefere Schlitze können Sie mit Holzwolle-Leichtbauplatten verschließen, die Sie an einem Kantholz mit Spezialnägeln oder Schrauben mit Unterlegscheiben befestigen. Die Stoßkanten versehen Sie mit einem Putzträger und anschließend verputzen Sie.

Wärmedämmung, Schalldämmung, Korrosionsschutz, Frostschutz

Wärmedämmung

Im Heizungskreislauf und in der Warmwasserleitung geht laufend Wärme ungenutzt an Mauerwerk und Umgebungsluft verloren. Diese Verluste müssen durch eine ausreichende Wärmedämmung eingeschränkt werden. Ein geringer Mehraufwand für einen hochwertigeren Dämmstoff und eine sorgfältige Verarbeitung machen sich bald bezahlt. Gerade hier kann der Heimwerker meist sogar deutlich bessere Ergebnisse erzielen als Fachfirmen, die ihre Angebote nach laufenden Metern Rohrleitungen erstellen und so meist unter großem Zeitdruck arbeiten.

Die Wärmedämmung der Leitungsrohre ist in der Heizungsanlagenverordnung vorgeschrieben. Bezogen auf eine Wärmeleitfähigkeit des Dämmstoffs von 0,035 (W/mK) muß die Mindestdicke des Dämmstoffs betragen: Bei Rohren bis zu einer Nennweite (Innendurchmesser) von 20 mm mindestens 20 mm, bei Nennweiten von über 20 bis 35 mm mindestens 30 mm, bei dickeren Rohren entspricht die Dicke der Dämmschicht dem Innendurchmesser. Bei Wand-

und Deckendurchbrüchen sowie bei Heizkörperanschlußleitungen gelten halbe Anforderungen.

Die Wärmeleitfähigkeit gibt an, wie gut ein Stoff die Wärme leitet. Je höher diese Zahl ist, desto schlechter ist die Wärmedämmung. Materialien mit höherer Wärmeleitfähigkeit müssen entsprechend dicker sein. Nur bei Leitungen in ständig bewohnten Räumen, wo die Wärmeabgabe vom Benutzer durch Absperreinrichtungen beeinflußt werden kann, oder bei Einrohrsystemen gilt diese Vorschrift nicht. Dagegen müssen Rohre in Außenmauern auf jeden Fall gedämmt werden. Nicht alle angebotenen Produkte entsprechen den Vorschriften bzw. können für alle Zwecke eingesetzt werden.

Schalldämmung

Fließendes Wasser kann Fließgeräusche erzeugen, die als sehr störend empfunden werden können. Deshalb muß auf eine gute Schalldämmung geachtet werden. Fließgeräusche können entweder direkt von den Rohrleitungen an die Wände oder Decken übertragen werden oder über die Befestigungspunkte, die Rohrschellen.

1

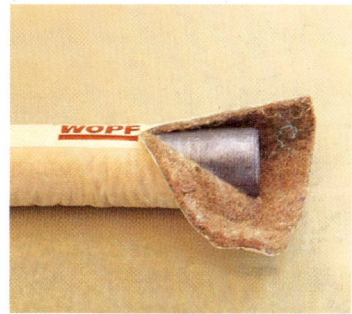

2

3

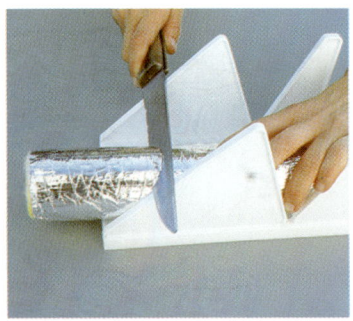

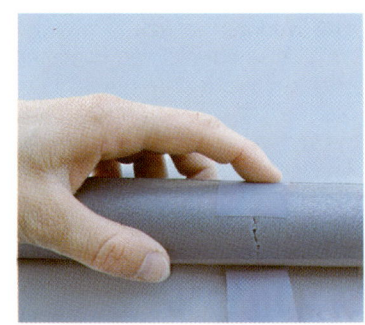

4   7

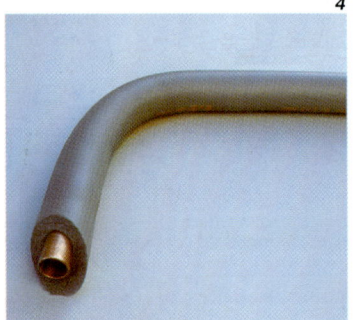

5   8

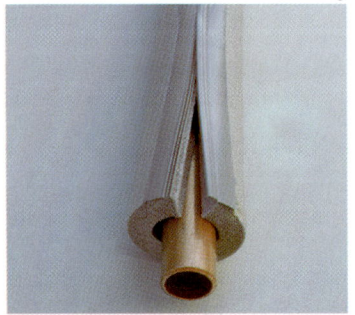

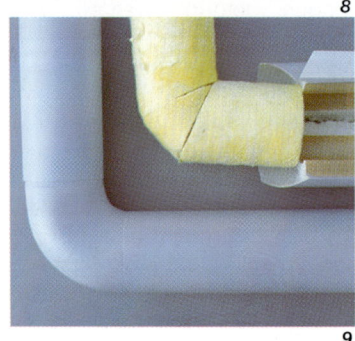

6   9

1–2 Für die Verlegung von wasserführenden Rohren werden daher Schellen mit Gummieinlage verwendet, die die Schallübertragung verhindern. Wärmegedämmte Heizungs- und Warmwasserrohre gelten außerdem zugleich als ausreichend schallgedämmt. Kaltwasserführende Leitungen jedoch müssen mit Dämmschläuchen versehen werden, die eine Schallübertragung an das Mauerwerk verhindern.

Korrosionsschutz

Da es sich bei Heizungsanlagen um geschlossene Kreisläufe handelt, müssen keine besonderen Vorschriften hinsichtlich des Zusammenbaus von Kupfer- und Stahlrohren beachtet werden. Verzinkte Teile wie Rohrschellen dürfen Kupferrohre nicht direkt berühren, da es zu Korrosion kommen kann. Bei Räumen mit hohem Luftfeuchtigkeitsanfall muß darauf geachtet werden, daß die Rohrschalen dampfdicht sind.

Frostschutz

Bei der Planung muß darauf geachtet werden, daß die Leitungen nicht an Orten verlegt werden, die frostgefährdet sind, z.B. in Außenmauern oder in wenig benutzten Räumen.

Wärmedämmaterialien und Verarbeitung
3 Die zur Dämmung von Heizungsrohren verwendeten Materialien sind im wesentlichen Rohrschalen aus verschiedenen Materialien. Häufig verwendet man Mineralwollprodukte, die je nach Rohstoff als Glas- oder Steinwolle bezeichnet werden, sowie verschiedene Kunststoffprodukte.

Neben den fertigen Rohrschalen gibt es auch noch Dämmschläuche. Die Abbildung zeigt folgende Dämmaterialien (von links nach rechts): Glaswolleschale mit Alukaschierung, Weichschaum-Schlauch, Polyurethanschale mit Kunststoffmantel, Schale aus Steinwolle ohne Kaschierung.

4 Nur mit Hilfe einer Gehrungslade und eines scharfen Messers erhält man saubere Schnitte.

5 Kunststoffschläuche müssen bei der Rohrmontage auf das Rohr aufgeschoben werden. Sie sind elastisch und können so

zum Verlöten etwas zurückgeschoben werden. Bögen bereiten keine Schwierigkeiten.

6 Hier sehen Sie eine weiche Schaumstoffschale mit Reißverschlußsystem, die sich zur nachträglichen Anbringung eignet.

7 Alle Stöße und Schnittstellen müssen abgeklebt werden, damit Wärme nicht unnütz entweicht.

8 Müssen Schlitze verputzt werden, benutzen Sie zum Dämmen der Rohre unkaschierte Glas- oder Steinwolleschalen, die mit verzinktem Draht verschlossen werden. Auf ihnen hält der Putz besser.

9 Aus Polyurethan-Mittelschaum-Schalen können keine Bögen geformt werden. Hier werden fertige Bogenstücke verwendet, in die überlappend Glas- oder Steinwollebögen eingepaßt werden.

10–12 Die Skizze zeigt die Herstellung von T-Stücken (oben), Winkeln (Mitte) und Bögen (unten) für mittelsteife Schaumstoffschalen sowie für Schalen aus Glas- und Steinwolle.

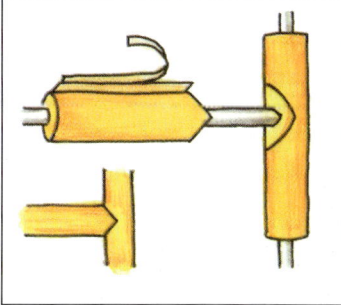

10

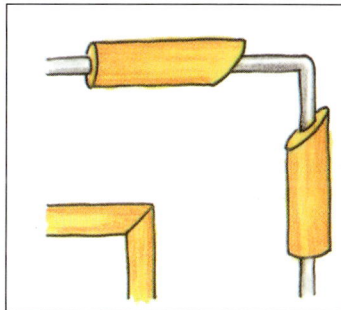

11

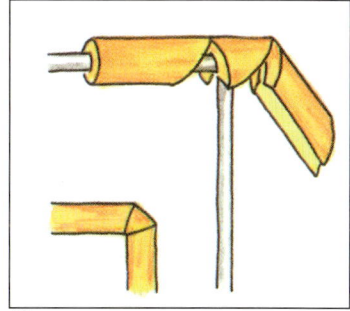

12

Planen, entscheiden, vorbereiten

Grundsätzlich muß die Heizung von vornherein in alle Überlegungen zur Haus- und Wohnungsplanung mit einbezogen werden. Nur so läßt sich kostensparend und ohne nachträglichen Ärger eine gute Anlage verwirklichen.

Vorüberlegungen

Zu Beginn der Planung werden viele verschiedene Überlegungen stehen, denn das Marktangebot ist äußerst vielfältig und zum Teil unübersichtlich. Die Vielfalt hat jedoch auch Vorteile, denn es gibt praktisch für jeden Wunsch konkrete Anlagen oder Kombinationen. Grundlegende Überlegungen, die Sie anstellen sollten, könnten zum Beispiel sein:

● Wie möchte ich mein Haus/ meine Wohnung beheizen?

● Welche Energie steht mir zur Verfügung?

● Möchte ich eine einfache, billige Heizung?

● Möchte ich Eigenleistung erbringen, um Geld zu sparen?

● Möchte ich das Ersparte an Eigenleistung für eine hochwertigere Heizung ausgeben, so daß ich über viele Jahre Brennstoffkosten einspare?

Bei den Produkten gibt es verschiedene **Gütezeichen**, die dem einzelnen die Entscheidung erleichtern sollen.

Mit **RAL** bezeichnete Produkte entsprechen bestimmten, festgelegten Qualitätsanforderungen. Mit **GS** (Geprüfte Sicherheit) werden Produkte ausgezeichnet, die technisch von TÜV-Stellen auf sichere Funktion und Handhabung geprüft werden. Dieses Zeichen ist vor allem wichtig beim Einkauf von Werkzeugen. Mit den **Umweltengel** (»blauer Engel«) werden Produkte ausgezeichnet, die gegenüber vergleichbaren Produkten besonders umweltfreundlich sind.

Planungsphase

Eine vorläufige Entscheidung für ein bestimmtes Heizsystem hat Auswirkungen auf die Planung: Der Heizkeller muß groß genug bemessen werden, damit die Anlage auch Platz hat oder erweitert werden kann. Der Heizkeller und der Kaminanschluß müssen so geplant werden, daß der Heizkessel so aufgestellt werden kann, daß er auch gut zugänglich für Wartungs- und Reinigungsarbeiten ist. Auch Schlitze, Nischen und Deckendurchbrüche werden sinnvollerweise bereits beim Rohbau hergestellt.

Arbeitsablauf

Folgender Arbeitsablauf ist häufig notwendig bzw. sinnvoll:

1. Entscheidung für ein Heizungssystem treffen.
2. Bauliche Anforderungen in die Baupläne einarbeiten.
3. Beim Rohbau Schlitze und Deckendurchbrüche anfertigen.
4. Heizungsraum und Tankraum fertigstellen (Estrich, Putz, möglichst auch Anstrich).
5. Heizkessel (und Speicher) installieren, Öltanks montieren.
6. Steigleitungen verlegen, Verteiler montieren.
7. Heizkörper montieren.
8. Dichtigkeit prüfen.
9. Heizkörper demontieren.
10. Schlitze verschließen, verputzen, Estrich legen, streichen.
11. Endmontage der Heizkörper.

Etwas anders ist der Arbeitsablauf bei Fußbodenheizungen:
1.-2. Wie unter 1.-2. oben.
3. Räume verputzen.
4. Fußbodenheizung verlegen.
5. Estrich verlegen.
6. Streichen und Bodenbelag verlegen.

Für Altbauten ergibt sich ein anderer Arbeitsablauf, der mit einem Fachmann auf das jeweilige Projekt abgestimmt werden muß.

Selbstbausätze

Von den einzelnen Anbietern wird ein breites Programm angeboten. Möglich ist die Montage von konventionellen Feststoff-, Öl- oder Gaskesseln, die Heizwärme und Warmwasser erzeugen. Immer mehr Bedeutung gewinnen Kombinationen zwischen einem Kessel und einem Speicher, da hier auch die Nutzung der Sonnenenergie durch Sonnenkollektoren ermöglicht wird.

Grundsätzlich sollten Sie jedoch keine überstürzten Haustürgeschäfte abschließen und sich gegebenenfalls zum Vergleich ein Kostenangebot eines örtlichen Heizungsbauers für eine gleichwertige Anlage einholen.

Unfallversicherungen

Grundsätzlich ist jeder, der am Bau arbeitet, erhöhten Risiken ausgesetzt. Das gilt für den Bauherrn ebenso wie für dessen Helfer. Grundsätzlich sollten deshalb Bauherrn ihre Helfer bei der zuständigen Bauberufsgenossenschaft gegen Unfälle versichern, unabhängig davon, ob sie entlohnt werden oder kostenlos arbeiten. Die Bauberufsgenossenschaft ist dafür gesetzlicher Unfallversicherungsträger für alle am Bau Beschäftigten. Grundsätzlich ist es auch dem Bauherrn möglich, sich bei der Berufsgenossenschaft zu versichern.

Wo sich die nächste Berufsgenossenschaft befindet und wo Sie Anmeldeformulare bekommen, erfahren Sie jederzeit beim Bauamt der jeweiligen Gemeinde.

Sicherheitsregeln

Wie bei allen Bauarbeiten müssen bestimmte Regeln zur Unfallverhütung eingehalten werden. Die wichtigsten sind:

- Baustelle bzw. Arbeitsplatz freihalten, also z.B. Bauschutt wegräumen, »Kabelsalate« am Boden vermeiden.
- Arbeitsstelle gut ausleuchten, dabei schlaggeschützte Leuchten verwenden.
- Treppen sichern, nur einwandfreie Gerüste, Leitern oder Staffeleien einsetzen.
- Bei der Verwendung von Stemm- und schweren Bohrgeräten Augenschutz tragen.
- Flüssiggaskartuschen nicht in die Sonne stellen, um eine Überhitzung zu vermeiden.
- Nur vorschriftsmäßige Schläuche und Anschlüsse an Lötgeräten verwenden.
- Rohre nach dem Trennen entgraten, trotzdem Berührung von Schnittstellen meiden.
- Das Einatmen von Lot- und Flußmitteldämpfen möglichst vermeiden.
- Bei Lötungen an schwierigen Stellen eventuell Handschuhe gegen heruntertropfende Lotspritzer tragen. Vor allem die Augen vor Lottropfen schützen.
- Gas- und Elektroinstallation und Reparaturen daran immer dem Fachmann überlassen.

Einsparungsmöglichkeiten

Von grundlegendem Interesse ist für jeden Heimwerker, wie sich seine Arbeitsleistung in Mark und Pfennig auszahlt.

Das ist jedoch nicht einfach zu berechnen oder abzuschätzen, denn die Kosten für eine Heizungsanlage setzen sich aus mehreren Faktoren zusammen:

1. Die **Anlagekosten**. Das sind die Kosten für Kessel, Brenner, Armaturen, Speicher usw. Grundsätzlich können solche Elemente von Billiganbietern, aber auch von Markenherstellern stammen. Die Ausstattungen für Pumpen und Regeltechnik insgesamt können sich voneinander enorm unterscheiden.

2. Die **Montagekosten**. Bei einer Selbstmontage können hier für ein Haus mit 120 bis 140 m² Wohnfläche etwa 5 000 bis 6 000 DM Montagekosten eingespart werden. Rechnet man noch reine Bauarbeiten wie Schlitze oder Deckendurchbrüche verschließen usw. dazu, dann kann die Einsparung etwa 10 000 DM erreichen. Die Angabe der Ersparnis bei den nachfolgenden Arbeitsanleitungen können nur Anhaltspunkte sein.

3. Die **Betriebskosten**. Sie bestehen vor allem im Brennstoffverbrauch und im Verbrauch von elektrischer Energie für Zündung, Pumpen usw. Hochwertige, energiesparende Heizungssysteme können so im Lauf der Jahre zu erheblichen Einsparungen führen.

4. Die **Wartungs- und Reparaturkosten**. Jeder, der sein Heizungssystem selbst montiert hat, kennt die Funktion der Einzelteile und kann daher viele Wartungsarbeiten selbst durchführen, aber auch notwendige Reparaturen wie Austausch von Pumpen. Dieser Faktor ist in Mark und Pfennig schwer einzuschätzen, sollte aber nicht vernachlässigt werden.

5. **Staatliche Hilfen**. Berücksichtigt werden müssen gegebenenfalls staatliche Hilfen. Sie bestehen entweder aus Steuervergünstigungen für die Erneuerung von Heizungsanlagen oder aus Zuschüssen für regenerative Energiequellen. Auskünfte erteilen die Finanz- bzw. Bauämter.

Was Firmen leisten

Firmenangebote unterscheiden sich in der gebotenen Leistung und daher auch bei den Kosten. Folgende Serviceleistungen sollten selbstverständlich sein:

● Detaillierte Montageanleitung, Planung der Anlage und Mitwirkung am Genehmigungsverfahren.

● Erstellung von detaillierten Schlitz- und Verlegeplänen.

● Lieferung frei Haus.

● Betreuung und Beratung während der Einbauphase.

● Inbetriebnahme, Einweisung, Endabnahme der Anlage.

● Funktionsgarantien sowie kostenlose Störbeseitigung im ersten Betriebsjahr.

Vereinbart werden sollte, wie und zu welchem Preis bei Schwierigkeiten Montagehilfe in Anspruch genommen werden kann, welche Gewährleistungsfristen für das Material bestehen. Beachtet werden sollte auch, daß ausgefallene Fabrikate später zu Schwierigkeiten bei der Ersatzteilbeschaffung und den Reparaturen führen können. Für die Wartung und Reparatur sollte eine möglichst naheliegende Firma oder ein flächendeckender Kundendienst zur Verfügung stehen.

In den letzten Kapiteln dieses Buches werden wesentliche Montageschritte einer Heizungsanlage gezeigt. Sie können die einzelnen Montageanleitungen nicht ersetzen. Die Anlage besteht aus einem Heizkessel und einem separaten Heizwasserspeicher (dazu Seite 10).

Sicherheitstip

Als Selbstbauer sind Sie letztendlich auch für die Einhaltung der jeweiligen, regional zum Teil unterschiedlichen Baubestimmungen verantwortlich. Informieren Sie sich ausführlich, z.B. über Sicherheitsabstände, Brandschutzvorschriften, Öllagerung usw. Die Einhaltung der Bestimmungen kann auch versicherungsrechtlich bedeutsam sein.

Heizkessel aufstellen

Material
Den gelieferten Kessel, Armatur mit Anschlußteilen, Kupferrohre, Rauchgasrohre.

Werkzeug

Schwierigkeitsgrad

0	1	2	3

Kraftaufwand

0	1	2	3

Arbeitszeit
Mit Teilverrohrung etwa 12 Stunden.

Ersparnis
Zusammen mit der Aufstellung eines separaten Speichers etwa 1200 DM; ohne Speicher etwa 600 bis 800 DM.

Der Heizkessel sollte erst dann montiert werden, wenn der entsprechende Raum fertig verputzt und gestrichen ist. Der Estrich sollte fertig verlegt sein. Es muß abgeklärt werden, ob ein Kesselfundament notwendig oder erwünscht ist. Befinden sich auch die Öltanks im gleichen Raum, sollten auch die Auffangwanne gemauert, die notwendigen Putz- und Malerarbeiten erledigt sein. Bei beengten Raumverhältnissen muß geklärt werden, inwieweit die Ölbehälter zuerst in den Keller transportiert bzw. dort montiert werden sollen.
Klären Sie ab, in welchen vormontierten Einheiten Kessel und Speicher geliefert werden, welche Ausmaße und welches Gewicht sie haben und wie Sie die Einzelteile am besten zum Aufstellort transportieren können.

1 Stellen Sie den Kessel so auf, daß ein einfacher Anschluß des Rauchgasrohrs an den Schornstein möglich ist. Montieren Sie die Rauchgasrohre zuerst, denn Kupferrohre lassen sich leichter ausrichten.

Bei Neubauten werden in der Regel Fertigschornsteine mit spe-

1

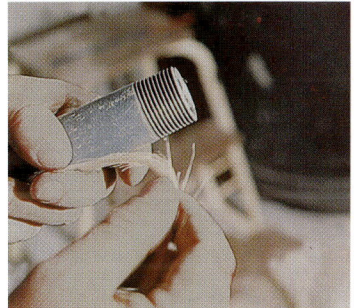

2

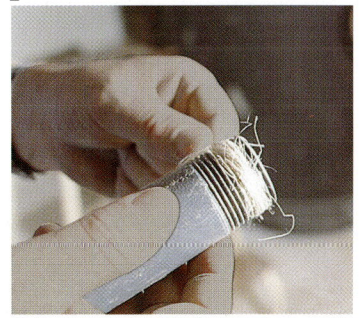

3

ziellen Anschlußsteinen verwendet. In alten Schornsteinen muß möglicherweise ein Anschluß erst hergestellt werden. Sprechen Sie alle Schornsteinfragen am besten mit dem Bezirksschornsteinfegermeister ab.

2–3 Montieren Sie die Armaturenblöcke vor. Die Kesselarmaturen werden häufig auf Anschlußstutzen angebracht, die aus Stahlrohren und -verschraubungen bestehen. Hanfen Sie die entsprechenden Rohre bzw. Teile vorschriftsmäßig ein und montieren Sie die entsprechenden Teile. Diese Anschlüsse können sich am rückwärtigen Teil des Kessels befinden, aber auch oben aus dem Kessel kommen. Die vormontierte Armatur wird auf die Anschlußstutzen aufgesetzt.

4 Die abgebildete Armatur dient zum Aufheizen eines separaten Heizwasserspeichers. Hier sichtbar das Füllventil mit Wasserdruckanzeiger (links), der Vorlauf mit Mischer und der Rücklauf.

5 Der mittlere Teil der vorgefertigen Armatur enthält die Umwälzpumpe, die den Wasserkreislauf in Gang hält.

4

5

6 Der obere Bereich der Armatur enthält die beiden Thermometer zur Messung der Vor- und Rücklauftemperatur sowie zwei Absperrvorrichtungen. Über einen Lötstutzen werden die Kupferrohre angeschlossen, die in diesem Fall zum Heizwasserspeicher laufen.

7 Am höchsten Punkt der Anlage befinden sich Entlüfter, aus denen die Luft beim Befüllen der Anlage entweichen kann.

Die Verkleidung wird nach Angabe der jeweiligen Montageanleitung montiert. Es empfiehlt sich eine Abdeckung, damit sie bei Montage- und Bauarbeiten nicht beschädigt wird.

Alle verlöteten Leitungen sollten solange nicht gedämmt, verputzt oder verkleidet werden, bis die Anlage in geeigneter Weise die Druckprüfung bestanden hat und sicher ist, daß keine Lötstellen undicht sind.

8 Erst zum Schluß, am besten wenn alle groben Arbeiten erledigt sind, wird der Brenner montiert.

9 Der fertig montierte Heizkessel.

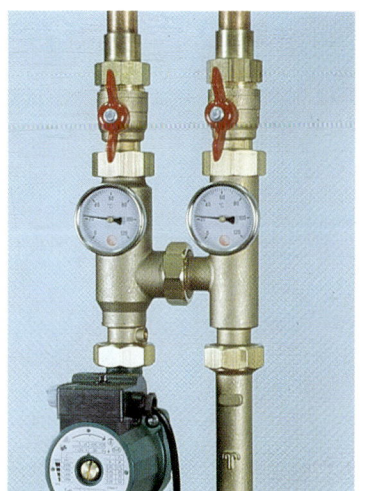

6

8

7

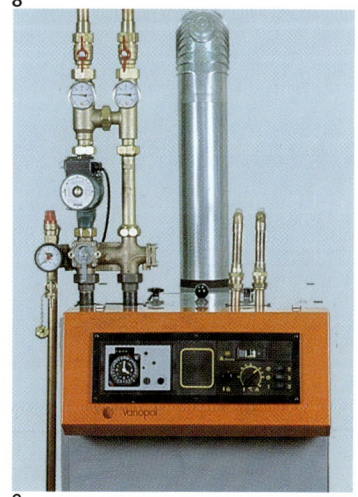

9

Wasserspeicher aufstellen

Material
Den gelieferten Speicher, Armatur mit Anschlußteilen, Kupferrohre.

Werkzeug

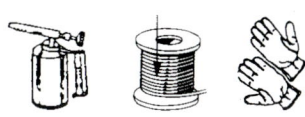
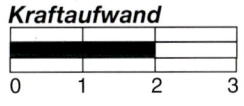

Schwierigkeitsgrad

0	1	2	3

Kraftaufwand

0	1	2	3

Arbeitszeit
Etwa 12 bis 15 Stunden.

Ersparnis
Zusammen mit der Aufstellung eines Kessels ungefähr 1200 DM.

Im folgenden werden Montageschritte eines Heizwasserspeichers gezeigt, dessen Wasserinhalt über einen Wärmetauscher von einem Heizkessel aufgeladen wird. Der Wasserspeicher ist kombinierbar mit einem Sonnenkollektor. Der Armaturenblock enthält Regelsysteme des Heizkreislaufs, nämlich Umwälzpumpe und Mischer, Thermometer zur Messung der Vorlauf- und Rücklauftemperatur und zwei Absperrventile.

1 Die Speicherarmatur wird auf Stutzen aufgesetzt und verschraubt. Durch sie wird das Heizwasser den Heizkörpern zugeführt.

2 Der Speicher wird nach den vormontierten Rohren ausgerichtet. Möglich ist auch die Ausrichtung der Rohre nach dem Speicher.

3 Für die Lötung werden die Rohrenden blank gemacht und mit Flußmittel bestrichen.

4 Die Verschraubungen werden leicht angezogen, die Dichtungen für den Lötvorgang entfernt, da sie die hohen Temperaturen nicht vertragen.

1

2

3

4

5

7

6

5–6 Die Lötstellen werden erhitzt, die Verschraubungen mit dem Kupferrohr verlötet.

7 Hier sehen Sie die fertige Lötung. Die zuvor entfernten Dichtungen werden wieder eingesetzt, die Verschraubungen werden angezogen.

8 Der zu diesem System passende Speicher besitzt oben vier Öffnungen. Zwei Öffnungen dienen der Verbindung mit dem Wärmeerzeuger, dem Heizkessel. Das Heizwasser zirkuliert vom Kessel zum Speicher und erwärmt den Speicher auf eine bestimmte Temperatur, z.B. 70 Grad C. Danach schaltet der Heizkessel ab und bleibt außer Betrieb, bis die Temperatur auf z.B. 50 Grad C gesunken ist.

Der Kaltwasserzufuhr und Warmwasserentnahme dienen die beiden anderen Öffnungen. Dieser Speicher besitzt einen großen eingebauten Wärmetauscher, der das zulaufende kalte Brauchwasser im Durchlaufprinzip erwärmt.

8

9

10

11

9 Über eine Verschraubung wird das Überdruckgefäß angeschlossen. Das Überdruckgefäß hat die Aufgabe, die Ausdehnung des zirkulierenden Heizwassers zu ermöglichen.

10 Die Rohrführung erfolgt auf möglichst einfachem Weg zur Montagestelle. Der Montageort ist beliebig, wird jedoch meist, um Platz zu sparen, in einer oberen Raumecke gewählt.

Der bisher gezeigte Armaturenblock ermöglicht nur einen einzigen Heizkreislauf, z.B. für kleinere Gebäude oder beim Einsatz von Stockwerksverteilern.

11 Durch einfache Verschraubungen läßt sich jedoch diese Armatur erweitern auf zwei oder drei Heizkreisläufe. Dadurch ist eine Kombination eines Heizkreislaufs für Heizkörper mit dem Heizkreislauf für eine Fußbodenheizung möglich.
Die Verrohrung erfolgt nach den gleichen Grundprinzipien, der Arbeitsaufwand jedoch ist entsprechend höher.

Kupferrohre verlegen

Material
Kupferrohre in verschiedenen Stärken, Rohrschellen.

Werkzeug

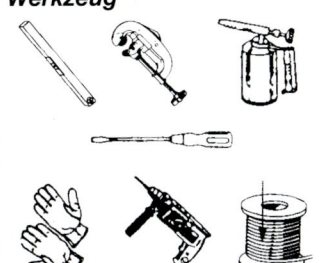

Schwierigkeitsgrad

| 0 | 1 | 2 | 3 |

Kraftaufwand

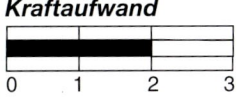

| 0 | 1 | 2 | 3 |

Arbeitszeit
Je nach Leitungsführung etwa 1 bis 2 m pro Stunde.

Ersparnis
Der Preis ist häufig in der Helzkörper- oder Anlagenmontage inbegriffen. Je nach Leitungsführung kann mit 15 bis 20 DM pro Meter gerechnet werden.

Die Verbindung zwischen Kessel und Speicher sowie die Steigleitungen zu den einzelnen Stockwerken werden durch Kupferrohre sowie Lötverbindungen hergestellt. Bevor man sich gleich an Lötverbindungen an der Heizungsverrohrung versucht, empfiehlt es sich, mit einfachen Muffen und Rohrabfällen ein paarmal zu üben. Es empfiehlt sich, bei der Rohrverlegung zu zweit zu arbeiten.

Rohrbefestigung
1–3 Die Kupferrohre werden an der Kellerdecke, an Wänden bzw. in den Schlitzen mit Rohrschellen befestigt. Der Abstand der Schellen untereinander bei waagrechter Rohrführung sollte etwa 1,50 m, bei senkrechter Rohrführung 2 m betragen. Die Schellen sind mit einer Gummieinlage versehen. Diese Einlage soll die Schallübertragung verhindern. Durch die Rohrschellen ist auch gewährleistet, daß später genügend Raum für die Wärmedämmung mit Rohrschalen zur Verfügung steht.

Rohrführung
4 Die Rohre werden von Heizkessel und Speicher zur Decke

1

2

3

4

5

geführt, dort durch Rohrschellen befestigt. Sie verlaufen dann entweder zum zweiten Anlagenteil oder zu den Heizkörpern.

Deckendurchgänge werden sinnvollerweise bereits bei der Planung berücksichtigt. Durch eine Polystyroleinlage bleibt in der Betondecke der Durchgang bereits frei.

Als Steigleitungen werden alle senkrecht verlaufenden Leitungen bezeichnet, die das Heizwasser zu den einzelnen Stockwerken transportieren.

5 Rohre können überall dort, wo Heizenergie verbraucht wird, auch platzsparend hinter speziellen Sockelleisten verlegt werden. Eine solche Verlegung bietet sich vor allem bei Altbausanierungen an.

6

6 Gerade bei größeren Wohnungen ist es häufig sinnvoll, das Heizwasser über sogenannte Stockwerksverteiler zu verteilen. Dabei ist nur ein Schlitz notwendig, die Rohrleitungen können nach den Gegebenheiten hinter speziellen Sockelleisten, unter dem Estrich oder unter dem Holzfußboden verlegt werden.

7 Bei kleineren Wohnungen ist eine direkte Versorgung sinnvoller. Die Abbildung zeigt ein Strangschema.

Arbeitsablauf
Nach der Befestigung der Schellen erfolgt die Einmessung der Rohre bzw. Rohrstücke und das provisorische Zusammenstecken mit den Fittings. Erst wenn alles paßt, werden die Fittings abgenommen, die Rohrenden und die Fittinginnenflächen mit der Stahlwolle gereinigt, die Rohraußenflächen mit Flußmittel bestrichen, anschließend alle Teile wieder zusammengesteckt und dann fortlaufend verlötet.

Alle Lötstellen müssen bis zur Kontrolle auf Dichtigkeit frei zugänglich bleiben.
Vor allem Rohrleitungen, die spä-

ter warmes Brauchwasser leiten sollen, sollten nach dem Löten ausreichend mit Wasser durchspült werden, damit Flußmittelreste entfernt werden und keine Korrosion im Innenteil des Rohrs eintritt.

Maurerarbeiten

Bei der Anbringung von Rohrschellen sollte man überlegen, ob die Mauerfläche später verputzt werden soll. Sinnvoll ist es, zuerst den Putz anzubringen. Mauerschlitze, die später verkleidet werden, benötigen in der Regel keinen Putz.

Kann in bestimmten Fällen der Putz nicht vor der Rohrverlegung angebracht werden, muß geprüft werden, ob genügend Spielraum für die Wärmedämmschalen bleibt. Gegebenenfalls muß ein Distanzklotz untergelegt werden.

Ausbessern

Einer sorgfältigen ausgeführten Lötung sieht man in der Regel an, ob sie dicht ist. Trotzdem empfiehlt sich in den meisten Fällen eine Druckprüfung gleich nach der Lötung, wozu auch der Wasserdruck des Wassernetzes verwendet werden kann.

Undichte Stellen müssen gelöst,

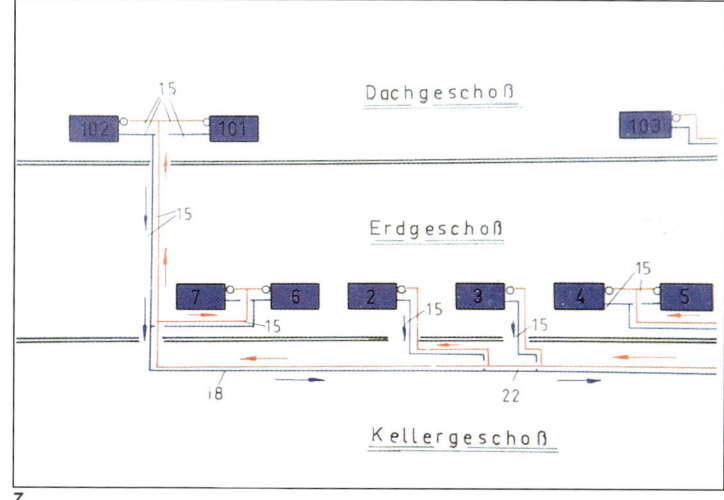

7

die Rohre sorgfältig gereinigt und mit neuen Fittingen zusammengelötet werden. Besser ist in vielen Fällen ein Heraustrennen des Stücks und das Einlöten eines neuen Rohrstücks. Bei Muffen kann das Anschlagskorn im Innenteil herausgefeilt und so eine Schiebemuffe hergestellt werden.

Zum Ausbessern muß das Wasser vollständig abgelassen werden. Rohre müssen deshalb so verlegt werden, daß der Wasserinhalt ablaufen kann. Durchhängende Rohrpartien muß man daher vermeiden.

Wärmedehnung

Warmwasserführende Leitungen dehnen sich beim Betrieb, bei üblichen Temperaturen etwa 1 mm pro Meter. Normalerweise ist diese Längendehnung durch Rohrschellen mit Gummieinlage sowie Dämmschalen gewährleistet. Auf keinen Fall dürfen Rohrleitungen der Länge nach zwischen starren Gegenständen wie Balken, Mauern usw. eingeklemmt werden. Bei geraden Rohrstücken über 5 Metern muß geklärt werden, ob man spezielle Vorkehrungen treffen muß.

Heizkörper montieren

Material
Den gelieferten Heizkörper mit Anschlußteilen.

Werkzeug

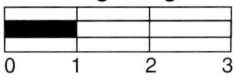

Schwierigkeitsgrad

0	1	2	3

Kraftaufwand

0	1	2	3

Arbeitszeit
Für den Anschluß des Heizkörpers bei bereits vorverlegten Rohrleitungen etwa 1/2 bis 1 Stunde pro Heizkörper.

Ersparnis
Der Montagepreis wird häufig zusammen mit den Rohrleitungen kalkuliert. Dann kann man mit etwa 320 DM Ersparnis pro Heizkörper rechnen.

Die Heizkörpermontage erfolgt nach dem Verputzen von Decken und Wänden, jedoch vor den Estricharbeiten.

Die Montage führen Sie zunächst provisorisch durch. Nachdem alles angeschlossen ist, werden die Heizkörper demontiert und die restlichen Bauarbeiten erledigt. Dann machen Sie die Endmontage.

1 Die Heizkörper hängen Sie an einer Montageleiste ein, die mit Dübeln oder Schrauben befestigt wird. Zunächst markieren Sie nach der Montagehöhe die Bohrlöcher, die Sie mit der Wasserwaage überprüfen. Bei Mauerwerk bohren Sie die Dübellöcher, die Sie mit Dübeln versehen. Dann verschrauben Sie die Montageleisten.

2 Hängen Sie nun den Heizkörper sorgfältig ein.

3 Der Anschluß an das Rohrsystem erfolgt über ein spezielles Anschlußteil; das Thermostatventil muß aufgedreht werden Heizkörper können Sie direkt an Steigleitungen oder über Stockwerksverteiler anschließen.

1

2

3

Stockwerksverteiler montieren

Material
Die Stockwerksverteiler und die dazugehörigen Befestigungselemente.

Werkzeug

Schwierigkeitsgrad

0	1	2	3

Kraftaufwand

0	1	2	3

Arbeitszeit
Für einen Verteiler etwa 1 bis 1 1/2 Stunden ohne Rohrleitungsarbeiten.

Ersparnis
Für einen kompletten Verteiler mit Verrohrung etwa 220 DM.

Stockwerksverteiler werden vor allem eingesetzt, um das Heizwasser bei Fußbodenheizungen auf die einzelnen Heizkreisläufe zu verteilen. Denn gerade bei Fußbodenheizungen, die mit niedrigen Vorlauftemperaturen arbeiten, sollten keine zu großen Flächen mit nur einem Kreislauf vorgesehen werden, da das Heizwasser sonst zu sehr abkühlt.

Ein Stockwerksverteiler besteht aus zwei Verteilerelementen, wobei ein Element das Heizwasser an den Kreislauf abgibt, das andere als Rücklauf dient. An die Stutzen werden die Kunststoffrohre verschraubt.

1 Die Verteiler werden über ein Befestigungselement montiert. Häufig werden sie in eine Nische montiert und erst etwas später verkleidet.

2 Führen Sie das Kupferrohr an den Verteiler heran. Das Lötende reiben Sie blank und streichen es mit Flußmittel ein; danach erhitzen Sie es.

3 Eine Lötverschraubung verbindet den Verteiler mit dem Rohrsystem.

1

2

3

Fußbodenheizung verlegen

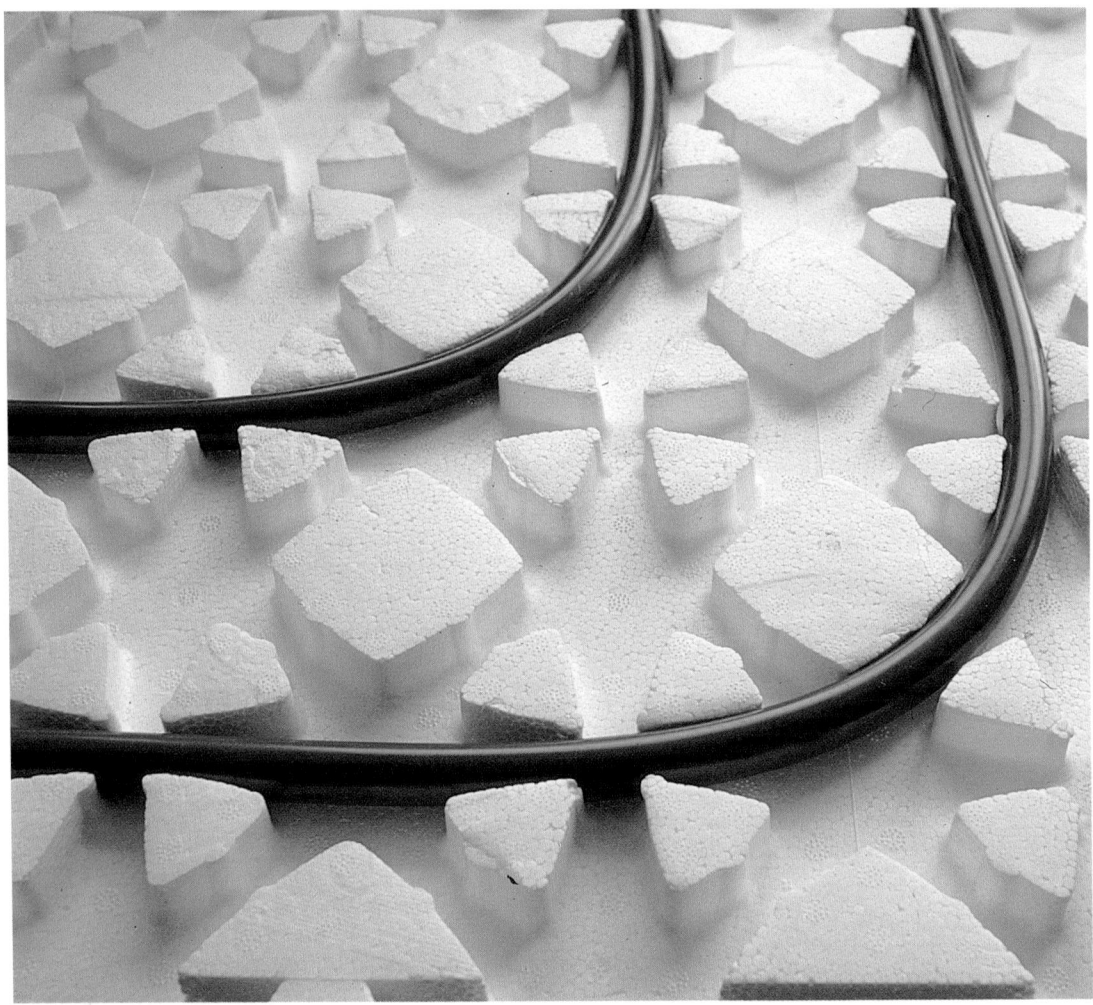

Material
Fußbodenheizungsrohre, Systemplatten, Randdämmstreifen.

Werkzeug

Schwierigkeitsgrad

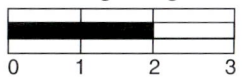

| 0 | 1 | 2 | 3 |

Kraftaufwand

| 0 | 1 | 2 | 3 |

Arbeitszeit
Zur Verlegung von 1 m² etwa 20 bis 30 Minuten, am besten zu zweit.

Ersparnis
Verlegung von Systemplatten mit Rohren ungefähr 15 DM pro m².

Die Verlegung der Fußbodenheizung erfolgt nach dem Verputzen von Decken und Wänden. Die Rohbetondecke muß von Putzresten gesäubert werden, größere Vertiefungen (über 1 cm) müssen mit Spachtelmasse oder Fließestrich ausgeglichen werden.

Je nach Lage wird auf die Rohbetondecke zuerst eine Feuchtigkeitssperre aufgebracht. Grenzt der Fußboden ans Erdreich oder an einen Keller, muß ausreichend Wärmedämmaterial verlegt werden, in Mehrfamilienhäusern muß auf ausreichenden Trittschallschutz geachtet werden.

An den Umfassungsflächen, also den Wänden, aber auch Pfeilern, Stufen usw., werden die sogenannten Randdämmstreifen verlegt, die die Aufgabe haben, die Wärmedehnung der Estrichplatte zu ermöglichen und die Trittschallübertragung zu verhindern.

1 Fußbodenheizungsrohre werden in Rollen geliefert.

2–4 Die Systemplatten lassen sich gut ineinanderfügen und halten ihrerseits die Heizungsrohre fest.

1

2

3

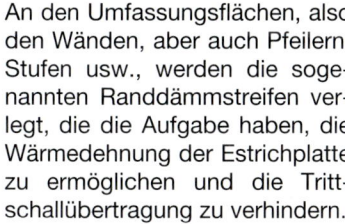

4

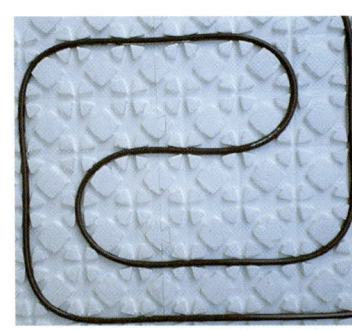

7

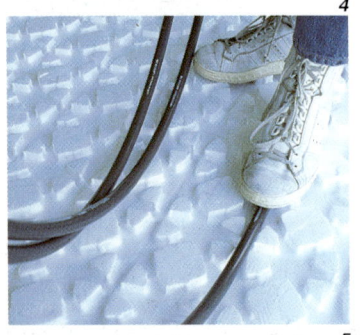

5

8

6

9

5 Das Eindrücken in die System-platte erfolgt mit dem Fuß. Es ist günstig, zu zweit zu arbeiten.

6 Auch Kurven können so gut bewältigt werden.

7 Eine Umkehrschleife im Mittel-punkt des Heizkreises.

8 Eine enge Verlegung liefert mehr Wärme bei niedrigeren Oberflä-chentemperaturen.

9–11 Über eine einfache Ver-schraubung erfolgt der Anschluß an einen Stockwerksverteiler. An ihm sind meist mehrere Fußbo-denheizkreise angeschlossen.

12 Ein fertig verlegter Raum. Deutlich wird hier die unter-schiedliche Dichte der Rohrverle-gung; ebenso die verschiedenen Umkehrschleifen in der Mitte eines Heizkreises.

Die Verlegung der Rohre muß in den Montageplänen angegeben werden. Möglich ist eine engere und eine weitere Verlegung. Die Verlegung kann auch für einen Raum gemischt werden. Die engere Verlegung wird dort ein-gesetzt, wo mehr Wärme gebraucht wird, z.B. im Außenwandbereich. Durch ein längeres Rohrnetz kann die Wärme außerdem gleichmäßiger verteilt werden, die Vorlauftemperatur kann niedriger gehalten werden, die Fußbodenoberfläche bleibt angenehmer. Für größere Räume sollten Sie mehrere Heizkreise vorsehen, wobei alle Heizkreise jeweils in einem Stück verlegt werden müssen.

Für den Bodenbelag sind verschiedene Konstruktionen denkbar. Häufig verbreitet ist die Aufbringung eines Zementestrichs und eines Plattenbelags. Möglich sind auch Trockenestriche auf Gipsbasis sowie Bodenbeläge aus Holz und Teppichen. Zementestriche müssen etwa 4 Wochen austrocknen, Holzfußböden müssen nach bestimmten Regeln verlegt werden.

Wenn Sie eine Möglichkeit haben, sollten Sie erst einmal bei Bekannten zur Probe wohnen. Denn einigen ist der Fußboden zu warm. Das kann auch daran liegen, daß z.B. Holz- und Teppichböden ein stärkeres Wärmegefühl vermitteln, da sie die Wärme schlechter leiten.

10

11

12

Öltanks einbauen

Material
Die Tankelemente sowie die dazugehörigen Montageteile.

Werkzeug
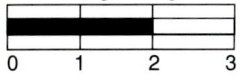

Schwierigkeitsgrad

0	1	2	3

Kraftaufwand

0	1	2	3

Arbeitszeit
Für die Anlage im Bild ungefähr 20, mit Wanne ungefähr 40 Stunden.

Ersparnis
Für die Montage rund 700, für die Wanne etwa 500 DM.

1 Die Tankanlagen bestehen im wesentlichen aus den einzelnen Tanks, Füllstutzen, Entlüfterrohr und Entnahmeventilen. Die Aufstellung erfolgt in der Regel in einer Ölauffangwanne.

2 Vom Entnahmeventil wird die Ölleitung mit weichem Kupferrohr bis zum Ölfilter geführt.

3 Jetzt befestigen Sie das Rohr an Wänden und Decken sorgfältig mit Schellen.

4 Über den Ölfilter wird das Öl dem Brenner zugeführt.
Der Anschluß des Filters erfolgt über Verschraubungen.
Die Verbindung zum Brenner wird über eine flexible Leitung hergestellt.

2

3

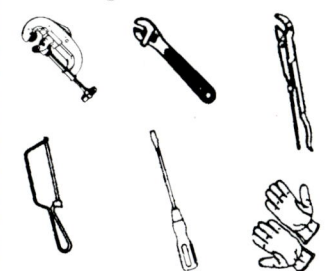

1

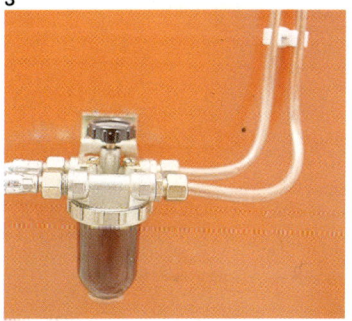

4

Rohre wärmedämmen

Material
Das auf den jeweiligen Zweck abgestimmte Dämmaterial, dazu geeignetes Klebeband.

Werkzeug

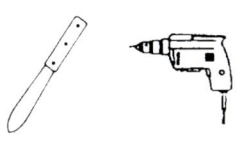

Schwierigkeitsgrad

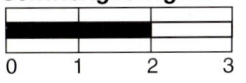

| 0 | 1 | 2 | 3 |

Kraftaufwand

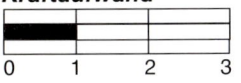

| 0 | 1 | 2 | 3 |

Arbeitszeit
Je nach Rohrführung und optischen Ansprüchen für 1 m 1/4 bis 1/2 Stunde.

Ersparnis
Pro lfm (Bögen inbegriffen) meist zwischen 10 und 12 DM.

Vorgehensweise
1 Zuerst sollte man die Rohrbögen einsetzen, dann erst die geraden Dämmstücke einpassen. Die geraden Dämmstücke sollten mit etwas Druck eingepaßt werden, also bei der Länge etwa 1 Prozent zugegeben werden. Damit werden Wärmebrücken vermieden.

Alle Schnittkanten und offenen Stellen müssen abgeklebt werden. Das Klebeband hält zum einen den Dämmstoff in der gewünschten Form fest, andererseits verhindert es das Entweichen von warmer Luft.

Die Auswahl des Dämmaterials ist von verschiedenen Faktoren abhängig. Unter anderem ist der Abstand des Rohrs von Decke oder Wand bedeutsam, der durch die Rohrschellen als Befestigungselement vorgegeben ist. Achten Sie also darauf, daß Sie nur Schellen verwenden, die einen ausreichenden Abstand des Rohrs von der Wand garantieren. Bei manchen Schellen läßt sich der Abstand vergrößern oder verkleinern. An offen sichtbare Rohrleitungen wird man auch optische Ansprüche stellen.

Sollen Schlitze zugeputzt werden, erschweren Dämmungen mit glat-

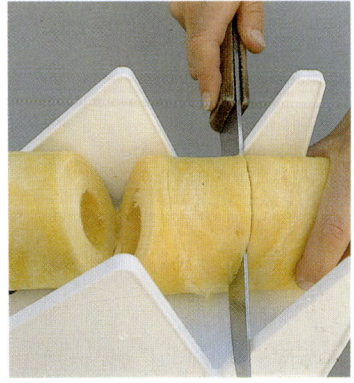

1

ter Oberfläche die Putzhaftung. Hier wird man auf unkaschierte Mineralfaserschalen zurückgreifen. Werden Rohre in Schlitzen verlegt, die nicht oder nur zum Teil zugänglich sind, können Rohrschläuche die Arbeit erleichtern. Verschiedene Dämmaterialien lassen sich so sinnvoll kombinieren.

Sicherheitstip
Mineralwolle gilt beim Einatmen als gesundheitsschädlich. Bei der Verarbeitung sollte daher eine geeignete Schutzmaske getragen werden. Mineralwolle muß so verkleidet oder abgeklebt werden, daß eine Faserstaubbelastung der Raumluft ausgeschlossen ist.

Heizung in Betrieb nehmen

1

3

Die Heizung muß von einem Fachmann in Betrieb genommen und abgenommen werden. Dazu gehört der Anschluß der Elektroleitungen, die Überprüfung der Ölanlage, das Füllen der Anlage, die Einstellung des Brenners und der Regeleinrichtungen.

1 Zum **Füllen der Anlage** schließt man einen Füllschlauch an den jeweiligen Füllhahn des Kessels oder Speichers an. Zuerst wird dieser Hahn geöffnet, dann erst das Zapfventil der Kaltwasserzuführung. Das Wasser wird langsam eingefüllt, also das Zapfventil langsam und nicht vollständig geöffnet.

2 Die im Kessel und im Speicher vorhandene Luft entströmt den Entlüfterventilen der Anlage. Zum Füllen des Heizkreislaufs müssen auch die Ventile der Heizkörper geöffnet werden. Das Füllen der Anlage ist kein »Hexenwerk«, doch erfordert es Fingerspitzengefühl, so daß man sich am besten vom Fachmann einweisen läßt. Wenn Sie das Grundprinzip verstanden haben, können Sie den Arbeitsgang später selbst durchführen.

Ist der erforderliche Wasserdruck erreicht, werden alle Verschraubungen und Lötstellen **auf Dichtigkeit überprüft**.
Undichte Stellen müssen Sie ausbessern und undichte Schraubverbindungen nachziehen. Undichte Lötstellen sind ebenfalls nachzulöten bzw. auszubessern.

Dazu ist das Wasser wieder abzulassen.

Sicherheitstip
Am besten erfolgt die Dichtigkeitsprüfung durch Anschließen einer geeigneten Prüfpumpe, bei der der Wasserdruck eine bestimmte Zeit nicht abfallen darf. Damit können auch kleinere Undichtigkeiten festgestellt werden.

3 Zum Schluß wird die **Heizungsregelung** eingestellt. Das umfaßt z.B. die Einstellung der Vorlauftemperatur nach der Außentemperatur und die Nachtabsenkung. Diese Einstellung muß meist im Laufe der Zeit dem genauen Bedarf angepaßt werden.

Wartung der Heizungsanlage

Heizungsanlagen müssen regelmäßig gewartet werden, damit immer eine optimale Verbrennung und Wärmezirkulation gewährleistet ist. Regelmäßige Wartung bedeutet auch Einsparnis von Energie und Verringerung der Umweltbelastung.

Nachfüllen von Wasser

1 Das Heizwasser bildet einen geschlossenen Kreislauf. Jedoch können winzige Undichtigkeiten im Laufe der Zeit zu Wasserverlusten und zum Druckabfall im Heizwasserkreislauf führen. Ein verminderter Wasserdruck aber beeinträchtigt die Wärmezirkulation und Wärmeabgabe. Der Wasserdruck des Heizkreislaufs wird durch ein Manometer angezeigt. Der grüne Abschnitt zeigt den Normalbereich an. Liegt der Druck niedriger, muß Wasser nachgefüllt werden.

Das Nachfüllen des Wassers wird bei allen Anlagen im Prinzip ähnlich gehandhabt. An der Heizungsanlage befindet sich ein Füllstutzen mit einem Hahn. Er kann mit einem Schlauch verbunden sein (das ist arbeitssparrend), oder der Schlauch muß für diesen Zweck eigens angeschlossen werden.

Zuerst wird das Nachfüllventil geöffnet, dann die Wasserzufuhr über den Wasserhahn. Der Druck in der Heizungsanlage steigt an. Nachdem ausreichender Druck erreicht ist, wird zuerst der Wasserhahn, dann das Füllventil geschlossen. Daneben gibt es Manometer, die den Wasserdruck selbständig aufrechterhalten.

Heizkörper entlüften

Vor allem beim Nachfüllen der Heizungsanlage kann Luft in den Heizkreislauf gelangen, die sich durch gurgelnde Geräusche, meist auch durch verschlechterte Wärmeabgabe bemerkbar macht. Mit einem passenden Entlüftungsschlüssel können Sie die Luft ablassen.

Brennkammer reinigen

Bei mit Festbrennstoffen und Öl betriebenen Kesseln müssen Rußablagerungen regelmäßig entfernt werden. Bei Ölkesseln muß der Hauptschalter auf **NOT-AUS** gestellt werden, damit die Stromzufuhr unterbrochen und eine unbeabsichtigte Zündung ausgeschlossen ist.

2 Der Kesselraum sollte ausgekühlt sein, in manchen Fällen

1

2

3

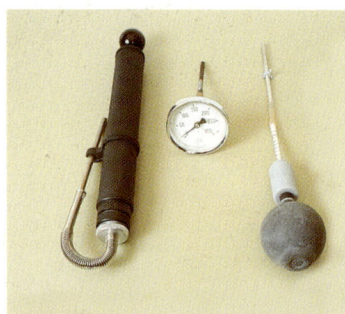

4

5

müssen Einsätze herausgenommen werden. Ruß- und Schlakkenablagerungen werden mit passender Spezialbürste und Handbesen gereinigt. In vielen Fällen empfiehlt sich die Verwendung eines alten Staubsaugers.

3 Die **Stauscheibe** hat die Aufgabe, die Verbrennungsluft gleich-

mäßig zu verteilen und der Ölflamme zuzuführen. Sind die kleinen Schlitze verrußt, kommt es zu schlechterer Verbrennung mit geringerer Brennstoffausnutzung und höherem Schadstoffausstoß. Ablagerungen werden hier am besten mit einem kleinen Pinsel entfernt.

Entkalkung

Wärmetauscher verschiedener Systeme müssen je nach Wasserhärte und Nutzung von Zeit zu Zeit entkalkt werden. Darüber sollten Sie sich vorher genau informieren, sich gegebenenfalls Anleitung geben oder sich einweisen lassen.

Prüfsets zur Heizungskontrolle

4–5 Für Ölheizungen werden spezielle Prüfgeräte wie Rußmeßgeräte, Prüfröhrchen für die CO_2-Messung, Abgasthermometer und Ölmanometer angeboten. Mit ihnen kann man die Abgaswerte messen, mit entsprechenden Tabellen den Wirkungsgrad ermitteln und z.B. über eine Veränderung des Öldrucks die Verbrennungsqualität verbessern. Eine Erhöhung der Abgastemperatur läßt z.B. auf eine Verrußung des Brennerraums schließen.

Meßprotokoll

Einmal jährlich wird jede Heizungsanlage vom zuständigen Schornsteinfegermeister überprüft. Das ist gesetzlich vorgeschrieben und soll einen energiesparenden und möglichst umweltschonenden Betrieb der Anlage garantieren. Ermittelt wird vom Schornsteinfeger der sogenannte feuerungstechnische Wirkungsgrad, der die Qualität der Verbrennung ausdrückt. Dazu werden bestimmte Abgaswerte gemessen. Allgemein gilt, daß eine Verbrennung gut ist, wenn der Rußgehalt gering, der CO_2-Gehalt in den Abgasen hoch ist, die Abgastemperaturen sollten möglichst niedrig sein.

Arbeiten für den Fachmann

Zu den allgemein empfohlenen Wartungsarbeiten gehören unter anderem auch die Kontrolle des Brennermotors, die Überprüfung der Zündung, das Reinigen und Austauschen von Filtern und Düsen. Das sind in der Regel Arbeiten für den Fachmann.
Firmen bieten dem Kunden Wartungsverträge an. Beim Abschluß der Verträge sollten Sie jedoch genau auf die beinhalteten Leistungen achten.